高等院校“十三五”应用型艺术设计教育系列规划教材

包装设计

主　编　何　轩　高　源

副主编　吴一珉

合肥工业大学出版社

图书在版编目（CIP）数据

包装设计/何轩，高源主编.—合肥：合肥工业大学出版社，2018. 12
ISBN 978-7-5650-4342-0

Ⅰ.①包…　Ⅱ.①何…　②高…　Ⅲ.①包装设计　Ⅳ.①TB482

中国版本图书馆CIP数据核字（2018）第300818号

包 装 设 计

主编：何　轩　高　源　　　责任编辑：王　磊
出　　版：合肥工业大学出版社
地　　址：合肥市屯溪路193号
邮　　编：230009
网　　址：www.hfutpress.com.cn
发　　行：全国新华书店
印　　刷：安徽联众印刷有限公司
开　　本：889mm×1194mm　1/16
印　　张：7
字　　数：220千字
版　　次：2018年12月第1版
印　　次：2019年6月第1次印刷
标准书号：ISBN 978-7-5650-4342-0
定　　价：48.00元
发行部电话：0551-62903188

前言

本书是编者从事包装设计教学工作多年的一个总结，书中呈现了大量在设计实践活动中的经验，同时将多年积累的学生习作进行了汇总，试图让读者在包装设计的路上少走弯路，寻找实现设计目标更快捷的路径。本书文字更加强调包装设计的实操性，即便在理论知识的阐述中也使用实际案例加以佐证。特别在国家加大高校应用转型的过程中，创造性强、操作性强、应用性强的课程将更受欢迎，因此本书不仅有理论、有精彩的案例赏析，还增加了大量的思维模块启发大脑，提升读者的设计水准。

期待读者阅读完本书，能够对包装设计更加热爱，能够举一反三地完成相关工作。本书特色如下：首先是轻鉴赏，重实践。在资讯获取异常快捷的设计生态中，鉴赏类书籍已经不具备观看优势，本书中的案例大量来自学生的毕业设计，读者可按照流程复制一套完整的包装设计作品。其次是章节合理，易吸收。第一章、第二章主要讲解包装设计的基本理论；第三章、第四章介绍包装的结构与材料，按照商品种类进行包装设计，以及色彩的布局等；第五章、第六章主要阐述包装的系列设计注意事项；第七章则用完整案例为读者提供了一套包装设计实施办法；第八章、第九章则是提升包装设计内涵的知识点。

希望本书通过对知识的归纳总结，能够打开读者的创作思路，激发读者的学习兴趣，能够在学生阶段就创作出一件属于自己的品牌，圆设计师一个创业梦！

本书编撰完毕，需要特别感谢编者的学生们，他们为本书提供了完整的包装设计作品素材；还要感谢武汉九一创作协会、湖北包装联合会设计委员会以及中国著名设计师潘虎先生为本书提供的优秀包装设计作品。

由于时间仓促，加之编者水平有限，书中难免存在错误和不妥之处，敬请广大读者批评和指正。

编　者

2019 年 3 月

目录
contents

1

第一章　包装设计概述

包装设计作为日趋完善的商业性艺术设计，是一门集科学、艺术和人文为一体，具有很强交叉性、综合性的边缘学科；是运用创造性的设计思维方法将文字、图形、色彩、造型、结构等艺术语言，同包括材料、成型工艺、印刷工艺等工程技术和生产制造相结合的产物。除此之外，包装设计还涉及市场营销学、消费心理学、技术美学、人机工程学、民俗文化学、现代储运学等方面的知识，既与之有着密不可分的联系，又具有自身独立的知识体系和系统结构的完整性。(图 1-1)

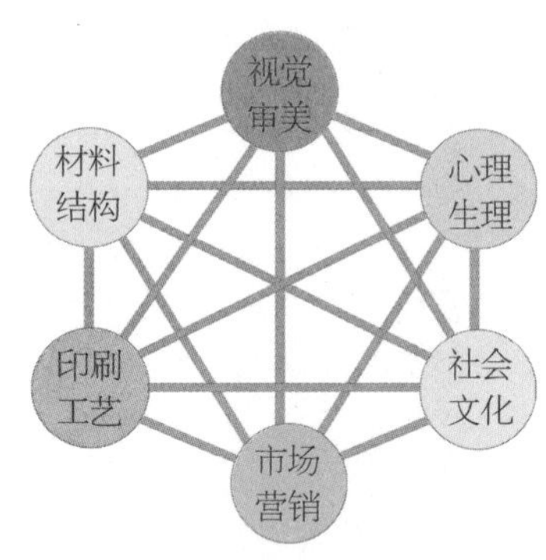

图 1-1　包装设计的范畴

包装设计作为独立完整的知识系统，不同于纯艺术，尽管其艺术手段是包装设计的一个重要组成部分，但它并不以表现纯粹个人的主观感受及喜好为目的，而是通过设计师的创意服务于广大的消费者，于设计中体现包装的意义、美感和价值；包装设计不同于工程技术，它不仅表现在对包装材料、结构、构造和生产技术的重视，更要关心包装与人和社会相关的包装外部环境系统，真正实现人—包装—环境的协调、平衡和发展；包装设计不同于市场营销术，尽管它在市场竞争中起到重要的作用，但它更主要的是产品与消费者之间的桥梁，通过它产品不但转化成为商品，从而提高商品的市场竞争力和增加企业的利润，同时，对企业和社会文化的传播也起到重要的作用，使生产企业和消费者都能从中得到最大的利益。（图 1-2）

图 1-2　叶剑波作品

第一节 包装的含义

包装的含义有广义和狭义之分。广义的包装，大到宇宙对星系的包装，小到豆壳对豆米的自然包装；从媒体对艺人们公共形象的策划推广，到现代企业形象塑造的社会性包装；从人类带着胎衣呱呱坠地，到用语言来表达思想、用行为来体现品德的人文性包装，可谓包装无处不存、无时不在。而狭义的包装主要是指“为便于运输、存储和销售而对产品进行处理的艺术和技术”的商业包装，就是以保护商品安全流通、方便消费、促进销售为目的，依据特定产品的形态、性质和流通意图，通过策划与构思，形成新包装概念，再以艺术和技术相结合的方式，采用适当的材料、造型、结构、文字、图形、色彩、防护技术等，综合创造有机的包装实体，塑造商品形象的过程。在这里我们主要是在商品包装设计这个专业领域内来探讨包装设计的问题。（图 1-3、图 1-4）

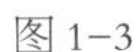
图 1-3

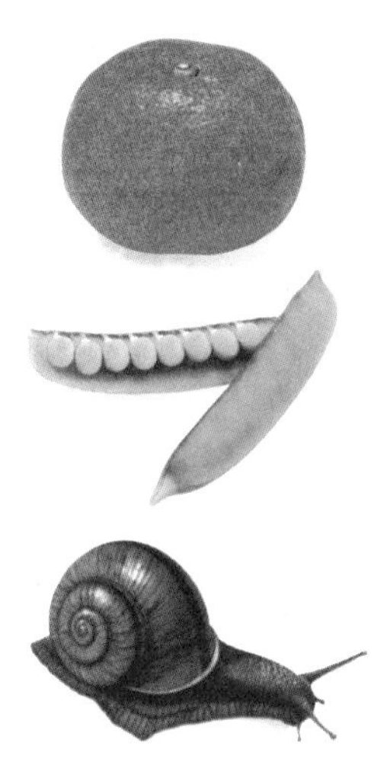
图 1-4

世界各国对“包装”的解释日趋一致。以下是美、英、加、日等国对包装定义的论述。

美国对包装的一般解释是：“包装，是使用适当的材料、容器，配合适当的技术，使其能让产品安全地到达目的地，并以最低的成本，为商品的运输、配销、储存和销售而实施的准备工作。”

英国对包装的定义为：“包装是为货物的存储、运输、销售所做的技术、艺术上的准备工作。”

加拿大包装协会对包装的定义为：“是将产品由供应者送至顾客或消费者，而能保持产品处于完好状态的手段。”

日本包装工业规格 JIS 为包装所下的定义为:“包装是使用适当的材料、容器、技术等, 便于物品的运输, 并保护物品的价值，保持物品原有形态的形式。”

中国对包装的定义是：“包装是为在流通中保护产品、方便储运、促进销售，按一定技术方法而采用的容器、材料及辅助物等的总体名称。也指为了达到上述目的而采用容器、材料和辅助物的过程中施加一定技术方法等的操作活动。”由这个定义可以看出，现代包装实际上包含两层意义：从静态的角度理解，包装就是指容器、材料和辅助物等，也就是包装企业部门可提供的产品；若从动态的角度来理解，包装就是指为了制造出这类产品所用的包装技术、方法及加工过程。因此，包装作为一门学科有着明确的研究对象和研究范围。

第二节 包装的功能

包装的功能概括起来讲主要有两个方面：一是包装上所承载的信息资讯，包括文字、色彩、图形、形态等内容；二是对包装物的形态和性质起到保护作用。（表 1-1）

表 1-1 包装的功能

包装设计	
包装视觉传达设计	包装造型结构设计
侧重于精神性功能	侧重于物质性功能
信息和情感传达	形态和性质保护
艺术性	科学性

包装的功能通常归纳细分为以下四类：保护功能、便利功能、商业功能、心理功能。（图 1-5）

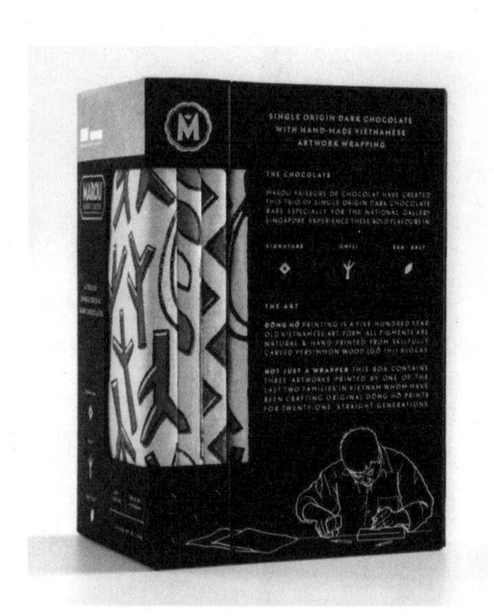

图 1–5

一、保护功能

包装的最主要功能就是容纳与保护商品。商品从生产者到消费者手中，要经过许多装卸、运输、存储、陈列和销售的过程，其间必然会受外来的各种物理的、化学的损害和影响，造成对商品安全的威胁和品质的改变。设计师需要更加注重商品包装的造型、结构、材料等诸多方面的因素，注意商品的综合性保护，把包装的保护性放在首要的位置来考虑。保护功能主要体现在包装的防振动、防冲击、防潮湿、防干燥、防温度的冷热变化、防光照辐射、防止与环境的接触、防腐蚀、防挥发、防虫害、防偷盗等方面。（图 1-6、图 1-7）

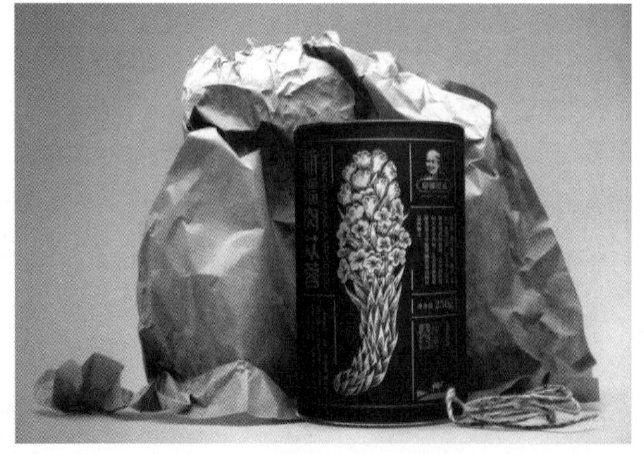
图 1–6

图 1–7

二、便利功能

包装的便利是消费者体验的重要标准之一。良好的包装，从生产厂商到消费者手中，直到它的废弃回收，无论从生产者、仓储运输者、代理销售者还是消费者的立场，都应该让人感到包装所带来的便利。设计师要根据商品流通与使用过程中的多方面因素，考虑到包装的材料、造型与结构是否便于生产、是否便于装卸运输、是否便于仓储销售、是否便于使用和废弃回收，力求科学地获得从生产到废弃回收的全过程便利。

三、商业功能

包装的商业功能是通过设计技巧激发消费者购买欲的手段。特别是网络购买方式普及的时代下，商品的包装就成了商品与消费者之间沟通的媒介。包装的商业功能是建立在包装的科学性和艺术性的基础上的，通过包装设计，把消费者对商品的各方面需求，以独特、美观、适用的外形结构和图形、色彩、文字、编排的视觉形象充分表现出来，激发起消费者的购买欲，从而起到商业促销的目的。（图 1-8、 图 1-9）

图 1-8

图 1-9

四、心理功能

包装的心理功能指的是包装在多大程度上作用于人的视觉感受，从而产生相应的心理影响。长期以来，人们已经对包装视觉形象所表示的产品内容有了比较固定的理解，存在着一种心理定式，比如颜色与味觉的心理关系，品牌形象符号的象征性。而任何消费者的这种心理定式都会对包装设计产生很大的影响，也会不同程度地反映出包装物的品质和附加值。在市场进入了个性化消费以及消费者的消费心理已经相当成熟的今天，包装设计必然向着更趋个性化，更加突出商品品质和品牌形象的方向发展，这就更加要求我们加强对包装设计心理功能的把握，以满足消费者的心理需要。

第三节　包装的分类

包装的分类方式复杂多样，从不同的角度来看，包装主要可以分为以下几大类：

1. 按包装形态分类：基本上可分为个包装、中包装和外包装三种。（图 1-10、 图 1-11）

图 1-10

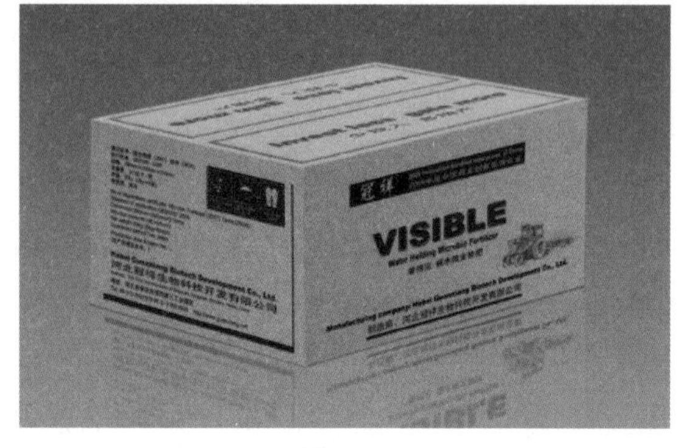

图 1-11

(1) 个包装：是指与内装物直接接触的包装，也被称为单个包装、内包装、小包装。它的主要功能是归纳内装物的形态和保护商品，另外，个包装上都印有商标、商品名称、性能介绍和保管使用的信息，从而起到宣传商品、指导消费的作用。

(2) 中包装：商品基本上都有中包装，它是多件商品或个包装整合的一个包装整体，它的主要功能是加强商品的保护、便于分发与配销。当中包装随同个包装一起到达消费者手中时，中包装需要体现出必要的信息内容来宣传商品、吸引消费者。因此，中包装也被称作销售包装。

(3) 外包装：它是对商品个包装或中包装所增加的一层包装，也称大包装、运输包装。它的主要功能是用来保障产品从生产者到销售者的流通过程中的安全，并便于装卸、储运。由于外包装不承担促销的目的，所以在外包装上只是标注产品的基本信息、放置方法和注意事项等内容，以便于流通过程的操作。

2. 按主要机能分类：按照包装的目的、用途、功能等来区分包装类别，可分为内销包装、外销包装、特殊包装三类。按照商品在流通中的机能不同，又可分为商业包装和工业包装。这也是现在国际上较通用的一种分法。

商业包装也称为销售包装，通常是在零售商的商业交易上作为商品的一部分或分批所做的包装，以一个商品为一个销售单位的方式来进行的。其目的是宣传商品、体现商品价值、引起消费者的购买欲以起到促销的作用，因此是包装设计的主体，在设计上造型、结构、材料、图形及色彩等全部的形式感都需以消费者为对象来进行精心考虑。如前所述的“中包装”“个包装”均属商业包装。

工业包装是相对商业包装而言的，亦称为储运包装、功能性包装，是除商业包装以外的包装，其主要目的是保证工厂运送到销售市场这一过程中，使产品免受损坏。这种包装一般以可操作性、简便性、经济性和牢固性为主要出发点，针对生产、存储和运输环节，外观简洁，以便于流通操作的标识文字为主，往往可以重复使用。

3. 按包装材料分类：可分为木箱包装、纸盒包装、瓦楞纸箱包装、塑胶类包装、金属包装、玻璃包装、陶瓷制品包装、织物包装、复合材料包装等多种。

4. 按商品内容分类：根据包装内容物可分为食品包装、纺织品包装、药品包装、工艺品包装、机械包装、电子产品包装、危险品包装等。其中，按商品形态内容分类，还可分为液体包装、固体包装、粉粒体包装、危险品包装等。

5. 按包装方法分类：根据包装技术方法的主要目的来区分，可分为防水包装、防潮包装、防锈包装、真空包装、冷冻包装、缓冲包装、压缩包装等。

另外，还有按运输手段、按使用方式、按供应对象来分类的，这里就不一一赘述。

第四节 包装设计与市场营销

商品包装在现代市场营销活动中的地位和作用越来越令人瞩目。在市场营销学中，有的学者把包装(Package) 称为与市场营销 4P 组合（即产品 Product、价格 Price、渠道 Place、宣传 Promotion）平行的第 5 个 P。市场营销学是以大众选择和购买心理为背景而建立、展开的商业行为研究，其概念有广义和狭义之分。广义包括研究如何生产畅销商品、制作促进销售的广告、开拓销路的销售方法等；狭义是指销售员的推销技巧。在此主要是指广义的概念。但两种概念的实施都离不开包装所起的作用。

在当今的市场经济环境中，商品的包装活动和企业所进行的一切生产经营活动，都要围绕市场和消费者需要这一中心来进行，商品包装应满足市场和消费者对商品包装的需要。换言之，就是解决生产厂家的产品与消费者之间的传递问题，商品的包装应对商品的销售起到有益的促进作用。从现代营销角度来讲，包装并不只是对商品进行简单的保护、存放，实现商品的销售才是商品包装的目的。（图 1-12）

图 1-12

一、包装设计的市场销售力

随着经济全球化与销售竞争的日益激烈化，市场竞争在某种意义上已表现为商品的包装竞争，在国际市场上，人们普遍认为商品的包装往往比内装的产品更重要。美国最大的化学工业公司杜邦公司的一项调查表明：63% 的消费者是根据商品的包装来选购商品的。这一发现表明不论对于企业、市场和消费者，包装设计都正发挥着越来越重要的作用。如今大型的超级市场中商品十分丰富，大都在两万种以上，商品分门别类地被摆在货架上供人自行挑选，没有推销人员，完全要靠包装本身的说服力，来达到促销目的。由此可见越是优秀的包装设计，其销售力也就越强。有一种说法形象地称包装为“无声的推销员”。据有关资料介绍，国外消费者平均每月在大型超市内逗留 27 分钟，平均浏览每种商品的时间约 1/4 秒。这样短

图 1-13

暂的时间，常被人称为黄金机会，而在这种机会中，包装设计形式就是商品的唯一传递信息的窗口和商品促销的媒介（图 1-13）。在现代市场营销活动中，包装设计的市场销售力是同其他的促销行为共同构成营销系统的。看看今天的市场上，各种销售手段无奇不有，有奖销售、让利销售、附赠品销售等种种好的销售方法都有可能提升销售额，提高商品品牌的知名度和社会影响。国外包装专家还指出，包装不仅要激发消费者的购买冲动，而且在首次使用后要吸引他们不断消费，成为该产品的经常性顾客。所以，从新产品诞生之时起，包装设计、宣传策略、销售策划等每一个环节，都与销售结果息息相关。

二、包装设计与消费心理

包装与促销所针对的对象是消费者，不可避免地与消费者的心理活动变化因素产生密切的关系，因此，研究消费者的购物心理活动与变化，掌握并运用消费心理的规律，并依此制定相应措施，可以有效地改进设计质量，在增加商品附加值的同时，提高销售效率。消费者购买行为的产生和实施是一个复杂的心理活动过程，每一位消费者的年龄、性别、职业、收入、文化水平、民族、信仰、性格等方面都是不同的，他们往往会受到经济条件、生活方式、社会环境、风俗习惯以及个人喜好的影响，所以他们的消费心理活动也是各种各样的。以下是几种常见的消费心理特征：

1. 求实的心理：普通消费者和具有成熟消费心态的消费者普遍所持的心理特征。这部分消费者在购买商品时，重视产品的使用价值，讲究经济实惠，并不刻意追求外形美观和款式新颖，擅长商品的比较，具有一定的商品鉴别知识和判断力。

2. 求美的心理：现代消费者普遍存在的一种心理，特别是在对购买的商品类别缺乏了解时，包装设计的形象美感，往往成为消费者产生购买行为的主要动因。持求美心理的消费者比较重视商品的艺术价值，往往对商品的造型、色彩、质感从欣赏角度严加挑剔，注重包装的艺术风格、品位风韵等外在视觉感受。

3. 求名的心理：购买商品关注品牌影响力，一方面是由于名牌产品的品牌效应所导致的消费者对产品质量、声誉的信赖感；另一方面是消费者对自我价值的肯定。商品因名牌而升值，因品牌而久销不衰已是公认的事实。品牌无形资产不但在品牌商品价格构成中占有相当大的比例，而且它已成为消费者体现自我价值、社会地位和实力的象征。名牌商品的包装设计主要是以突出凝聚着巨大无形资产的品牌形象为主，以满足消费者的心理需求。

4. 追求时尚的心理：年轻人、白领阶层中普遍存在追求时尚的消费心理。在商品选择上，具体表现为“出众”的心态，追时髦、赶潮流、讲个性，而不是顺应大众的心态。需要注意的是，时尚文化具有更新快、寿命短的特点，这就要求设计人员具备时尚的预见性和把握能力，才能设计出具有时代感的包装作品来。

5. 从众的心理 ：当一种商品有许多消费者购买，或是当消费者对商品了解不够时，仿效和从众的心理就是促使他们产生购买行为的最可以信赖的理由。在从众心理中，以名人作为产品形象的代言人，效应最具魅力。相信名人的眼力、仿效名人的生活方式、追随名人的选择是一种时效很强的潮流现象，消费者通过模仿获得良好的自我感觉。

6. 求新的心理：这种心理的产生主要有几个方面的原因，一是因为随着商品销售的时间发展，消费者会失去对于产品形象的新鲜感；二是来自不同方面的流行文化对消费观念的不断影响；还有消费者的消费心态不断成熟、审美意识不断增长也是不可忽视的原因。具有这种消费心理的大多是讲究个性、时髦的年轻人。

三、包装设计的营销战略

市场营销是立足于消费心理基础上的销售科学。在激烈的市场竞争中，由于技术的进步和市场的逐步规范，消费者仅从产品质量上已经不容易分出高低。在这种情况下拿什么去说服消费者呢？作为促销商品的包装设计，必须找到自己商品的个性所在，即与别人的不同之处，或者是创造出这个不同之处，说白了就是要找到商品的卖点和机会点，从而制定出正确的包装营销战略。（图 1-14）

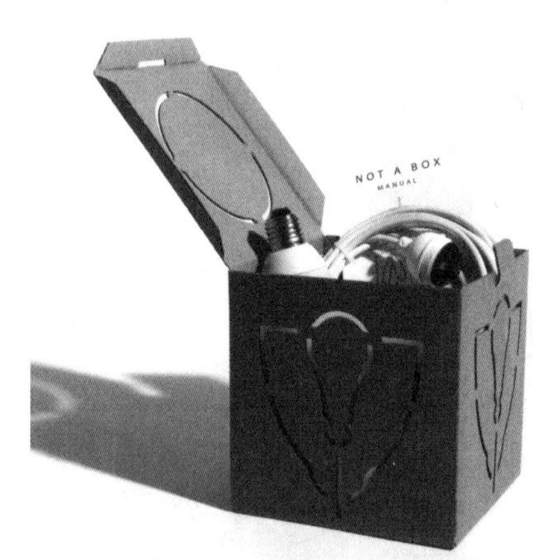

图 1-14

包装设计所表现出的商品营销战略是多方面的：

1. 品牌名称战略：良好的商品商标与品牌形象，往往是商品畅销的主要原因，能唤起消费者的信赖感与亲切感。消费者认同的商标、品牌即可成为包装设计的主题之一，也往往成为消费者选择商品的依据。

2. 商品资讯战略：在设计中把商品信息尽可能多地告知消费者，以独特的营销诉求表达商品的特性、原料成分、使用方法、功能与质量维护等信息，以满足消费者需求。

3. 商标分化战略：为了使商标取得更广泛的知名度，扩大商品市场占有率，采用商品分类使用商标的方法。通过在主商标下分化出子商标或副商标，在不同类别的商品包装上加以应用。以包装设计与商标策略的密切配合，形成主次或母子的相辅相成关系，促销商品。

4. 识别企划战略：通过合理的包装设计程序，运用多样性、差异性、统一性的设计表现，创造商品包装本身独特的识别象征，既推销了商品，又宣传了企业。

5. 差别化战略：根据包装物和消费对象的不同，通过包装设计要素的差别来促销产品，一般可应用包装造型、品牌名称、图形，以及个性化色彩、文字等差别，构成商品印象差别化的表现力和感染力。

6. 分割市场战略：依据市场营销中市场细分化原则，从特定的角度迎合不同层次的消费者需求，配合年龄、性别、价格、职业、机能等因素进行市场分割，满足市场不同的需求。

7. 包装文案战略：引用创意性广告词或新产品、新功能等提示，创造某种商业文化意境，引发消费者的情感因素，诱导和激发消费者的潜在需求，产生愉悦、冲动、联想的购买欲望。

8. 附赠品战略：利用包装内与主体商品相辅的小商品或包装外的小商品等附加赠品，对消费者产生诱惑力的同时，使他们产生获得意外经济价值的亲切感，以吸引消费者。

9. 广告同步化战略：配合多种促销活动与广告媒体的宣传，通过包装图形、色彩、字体的同质化、统一化、系统化，促使包装与多种广告媒体和活动的同步，全方位加大包装的形象渗透，以达到促销的目的。

10. 企业形象战略：将包装设计纳入企业整体传达系统统一开发，建立企业形象识别系统与包装设计一体化的企业整体形象设计，促进企业形象的宣传推广。

第五节　包装设计的基本要求

优秀的包装设计所体现出的良好销售力，是建立在科学与艺术、社会文化与经济基础之上的。对优秀包装的基本要求主要体现在以下几个方面。

一、科学性

主要包括包装材料的选择和包装形态结构的设计上是否科学合理，能否完好地保护和保存商品，使商品在流通中不受气温、干湿、挤压、振荡、光照、腐蚀的影响；能否有效地配合现代标准化集装、运输、仓储、装卸等流通环节的操作；为消费者在商品的使用、携带、保存等方面带来方便等。另外，包装材料是否会对环境造成污染，可否回收再利用也是非常重要的方面。包装产业是一个科学化、系统化的工程，包装设计也必然要从产品、商品、用品、废品的角度考虑到各个环节上的科学性，这也体现了艺术与科学相结合的包装设计特点。（图 1-15）

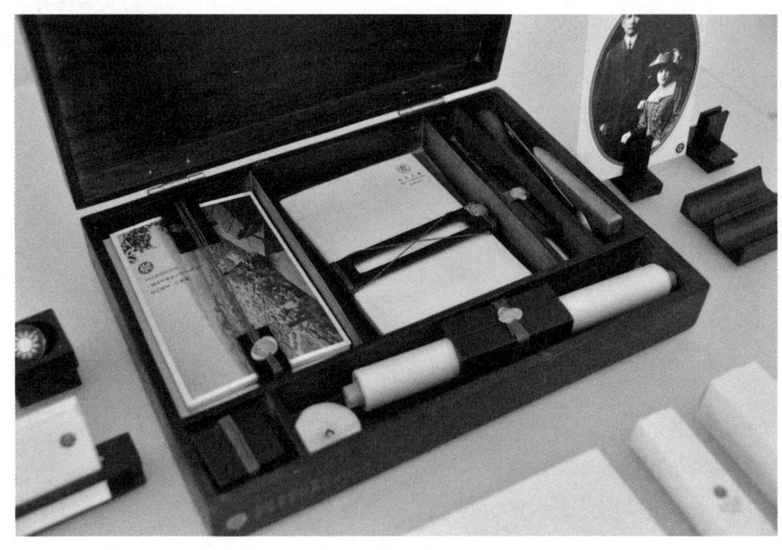

图 1-15　孙雪娟作品

二、准确性

包装设计的准确性主要体现在以下几个方面：

1. 准确的信息传达：包装能否清晰、准确地传达商品各方面的信息。有关说明和资讯，是商品包装信息传达的基本保证。因此，这就要求设计要简洁明了，设计要素齐全；商品的品牌设计要以易认、易记为原则。要考虑到各个层次消费者的特点，尽量使设计风格既有针对性，又适用面广，便于沟通，平易近人。

2. 准确的市场定位：任何新产品的开发都是为了占领某一领域的市场份额。市场定位的准确与否，直接影响到包装的质量和商品的市场销售。因此，在设计包装时，就要配合产品开发的目的，考虑到产品是卖给谁、卖到哪儿、在哪儿卖、怎么卖等问题，这些因素都会对包装设计的形式和形态产生直接的影响。

3. 对商品属性准确的把握：不同的商品具有不同的属性，消费者对每一类别的商品认识，随着时间的推移，都会自然形成了较为固定的认知和概念，比如我们常说到的食品色、药品用色、形象色等概念就属于这个范畴。再者，一种产品往往都有高、中、低等几个档次，在包装设计时一味追求高档感并不科学，如果一个低价位产品被设计成高档产品的形式，即便是在成本允许的情况下也是不成功的，因为它不但失去了产品定位的准确性，而且还欺骗了消费者。因此，在包装设计中，准确把握商品的属性和档次价位是十分关键的。（图 1-16）

图 1–16

三、商品性

包装设计的商品性，一方面表现在不同的销售场所和不同的销售方式中包装对于商品的宣传促销作用。包装是吸引消费者最经济、最有效的办法，通过包装不但可以美化产品，强化视觉效果，还可以因为包装方式的改变，为商品创造出新的销售市场。另一方面，就是对包装成本经济性的要求，因为在现代市场竞争中，包装成本的降低，直接体现为商品竞争力的增强。许多发达国家对商品包装成本已形成行业规定，不同种类的商品，其包装费用在整个生产成本中所占的比例是不同的。以酒类为例，美国是在 20%～30%，英国是在 8.5%左右，日本则限制在 18%以下。此外，日本还规定，包装所占的空间不得超过产品所占空间的 20%。因此，针对不同商品要遵循不同成本档次包装的原则，做到表里如一、物有所值。相反就会影响商品的形象和销售。（图 1-17）

图 1–17

四、艺术性

如何使包装充满艺术魅力，既是设计师在设计过程中贯穿始终的追求，也是商品销售不可缺少的重要因素。讲究艺术性就是要通过一定的艺术手段，在消费者心目中激发“一见钟情”的情感效应，给人以美的享受。产品包装的艺术性除了体现审美功能外，还是一门综合艺术的表现，比如包装的封包和开启体现了保护商品的艺术；包装的选材和配材中体现了巧用材质的艺术；精美的图片可能来自摄影艺术；文字和品名可以借助书法艺术；精巧的布置一定来自编排艺术；而包装的画面更是设计师艺术才华的体现。追求艺术审美是人类的一个最基本的心理特征，但我们必须认识到，包装设计所倡导的是“适合的美感”，就是要强调在包装设计里对美感的追求只是一种手段，而不是最终目的。商品包装的艺术审美体现最重要的是要为产品销售服务，这是最根本的。（图 1-18）

图 1–18

五、时代性

每一个时代都有其特征，体现在人类社会生活的各个方面，有政治的、经济的、科学的、文化的、观念的、生活方式的，当然也包括设计。当代科学技术、社会文化和社会经济对包装设计的影响使得时代性日益突显出来。在消费日趋个性化、营销手段多样化的今天，现代包装设计已从以往的保护商品、美化、促销等基本功能演变为更加侧重设计表现的个性化、多视角和视觉表现的时代特征。“设计当随时代”的理念正是包装设计时代性的有力表现。人类进入信息化时代，社会发展变化的速度惊人，美国前总统克林顿曾在国情咨文报告里指出，人类在现阶段的知识总量每隔 7 年会翻一番，以后还会更快。现在，随着我国的进一步改革开放，年轻一代的个性解放，时尚文化成为消费市场的主流。面对形形色色的流行时尚，设计人员会以什么样的心态去把握时尚文化是非常重要的。（图 1-19）

图 1–19　沈莎莎作品

第二章 包装设计的发展与现状

第一节 包装设计的产生与演变

包装，根据其历史演变过程，通常把它分为原始包装、传统包装、现代包装三个阶段。

一、原始包装

原始包装主要是指旧石器时代人们利用植物叶子、果壳、贝壳、竹筒、葫芦、兽皮等作为盛装、转运食物和用水的容器。它们实际上并不完全具备包装设计的内涵，只能算是包装的萌芽。

自古以来，从人类群居洞穴开始，为了储存与携带食物，就开始使用天然材料作为包装之用。随着物质和精神需求的逐步提高，人类创造出了人造包裹容器。据考古材料发现：“北京猿人”（距今约六十万年）是世界上最早使用火和石器的人，到了“山顶洞人”（距今约一万八千年），人类已经学会人工取火并保存火种，这体现人类支配自然的能力得到极大提高。火的运用使人类在满足基本生存条件之余，创造了陶器、冶金之类的装饰和储藏用具。此时期所采用之包装素材大都采自大自然之简便材料，后期再经过手工之塑造发展，则产生了皮袋、织袋、纸布、陶瓷器等包装用具。（图 2-1、图 2-2）

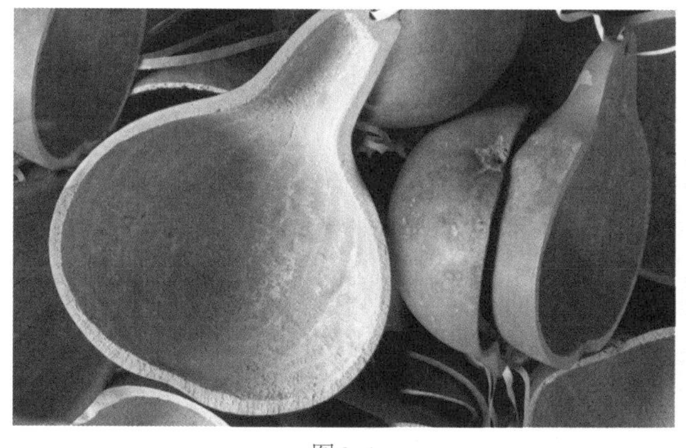

图 2-1

图 2-2

二、传统包装

传统包装不仅包括了中外古代包装设计与近代包装设计，而且也包括了当今的中外传统风格的包装设计。我国古代的传统包装大多虽然取材于天然材料，但手工加工工艺却得到了很大发展，产生了一部分工艺性更高的人造包装，如现已挖掘出来的史前陶器，夏商周时期的各种青铜器，春秋战国时期的漆器、织染品等。（图 2-3、图 2-4）

图 2–3

图 2–4

在距今五六千年前的原始社会晚期，我国出现了原始的商业活动。伴随着商业的逐步发展，不可避免地带来了商业的竞争，商人们为了维护自家产品的信誉和利益，促成了商标和包装的出现和发展。在我国，传统包装作为真正商品包装出现，不会晚于战国时期，在《韩非子 · 外储》中记载的“买椟还珠”的故事，就说明了当时商业对包装的重视，以及当时的包装对消费者的吸引力。

纸包装的出现大约始于唐代 (公元 689 年后)，唐代在三百年左右的历史中，经历“贞观之治”和“开元之治”两个高度发展阶段，政治、经济、文化都得到很大的发展，出现了封建社会经济空前繁荣的景象。当时商品包装已普遍使用纸包装，如茶叶、食品等。到了北宋时期工商贸易发达更进一步，造纸和印刷技术也大大提高，带动了包装装潢的兴旺发达。商品包装设计已采用铜板印刷，现陈列于中国历史博物馆的北宋“白兔”图案“济南刘家功夫针铺”的包装纸的印刷铜板足能证明。传统包装，除了代表包装之演进过程外，更展现了人类生活过程之智慧结晶，亦表达了崇尚自然的高度人文主义。传统的包装素材，在科技与社会的不断进步中，有的依旧被广为运用，但也有些材料被淘汰。无论是在时代、经济还是文化的观点下，传统的包装均具有存在之实际价值，在这方面，日本传统风格的包装为我们提供了很好的启示。（图 2-5、图 2-6）

图 2–5

图 2–6

三、现代包装

现代包装，是指从 19 世纪中叶英国工业革命开始以后，以机械化大批量生产和长途安全储运商品，进而推向以迎合市场、引导消费、促进销售，满足人们对商品包装的物质功能与审美功能需要为中心的包装。现代包装不仅是获取经济效益的竞争手段，更是企业和社会文化的体现。（图 2-7、图 2-8）

图 2-7

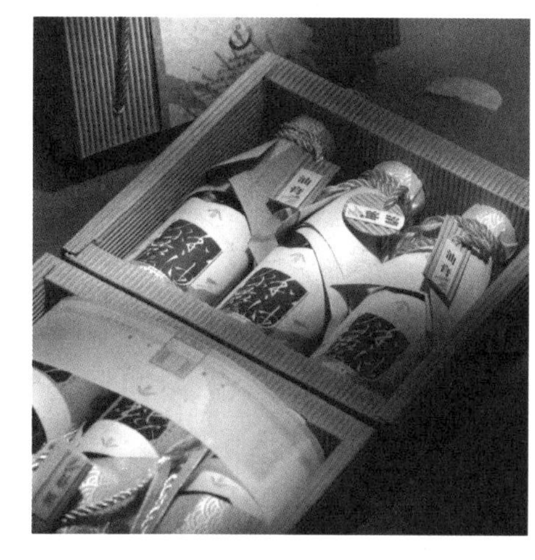

图 2-8

工业革命以后，随着科技的发展、生产力的提高、产品的丰富、市场的扩大，商品包装作为流通媒介日益成为不可缺少的一环。包装工业的机器化大生产逐步取代了传统的手工生产，包装机械的应用使包装更加标准化和规范化。各国还相继制定了包装工业标准，以便于包装在生产流通各环节的操作。包装设计也因为科技与材料的不断推陈出新，拥有了更多的创造性机会。

20 世纪 50 年代欧洲包装联盟成立，60 年代前后成立亚洲包联、北美包联，1968 年成立世界包装联盟组织。许多先进工业国家纷纷出现包装设计研究机构，不少高等院校将包装设计列为专业科目。现代包装已远非一般意义上的流通媒介，而被赋予了商业竞争武器的新历史使命，因而受到各国企业界和设计界的高度重视。

中华人民共和国成立后，我国的包装装潢出现了新的局面，但由于落后的经济和各种政治运动以及闭关自守，包装设计和技术水平仍然处于比较落后的状态。20 世纪 70 年代后期经济逐步恢复正常，包装设计也随之走入正轨。不少城市都相继成立了美术设计公司，1964 年北京包装装潢工业公司成立。70 年代后，广东、上海等地也先后建立了包装装潢工业公司，与此同时，民间的包装装潢设计经验交流活动异常活跃。1980 年在重庆召开了全国轻工产品包装装潢评比会；1980 年底在重庆成立了“中国包装技术协会”；1981 年 3 月在北京成立了“中国包装技术协会装潢设计委员会”；同月，工业美协在天津成立了“中国工业美协包装装潢学会”。此外，外贸部门从 1971 年开始，也曾先后在上海、广州、北京、天津、武汉等地举办国内外包装装潢评比展览会。所有这些机构和活动，都有力地促进了包装事业的发展。各高等、中等美术院校、轻工院校皆设有装潢专业，培养出大批多层次的专业人才。改革开放后我国的国民经济飞速发展，包装设计和印刷技术大胆引进国外发达国家的先进理念、先进设备、先进技术，中国的包装工业真正突飞猛进地发展壮大起来。

在人类漫长的文明进化历程中，每一项科技发明、社会变革、生产力提高以及人们生活方式的进步、环境的变化，都会对包装的功能和形态产生很大的影响与促进。从包装的发展演变过程中，能清晰地看出人类文明进步的足迹。包装设计作为人类文明中的一种文化形态，其中所包含的价值有时甚至超出产品的价值，成为企业和社会获得巨大收益的重要因素之一。了解它的发展与演变，对今天的设计工作具有非常现实的意义。

第二节 现代包装设计新理念

包装设计在 20 世纪经历了现代和后现代两个时代，虽然这两个时代之间不存在明显的界限，有时候两者的联系还大于对立，但它们还是有着本质的区别。例如，现代主义思潮的主调是“人类中心主义”，主张人对自然的征服、利用和发掘；追求“进步”，强调“自我”，崇尚标准化、系统化和集中化；在知识论中主张知、情、意严格区分，认为纯正的认识活动中不能有感情的参与；强调各学科的分离，崇尚大而全，以及重视抽象、追求“独创”等。后现代主义思潮的主调则是人类与宇宙万物平等，主张“天人合一”，人与自然相互依存；强调多向多变，强调“他人”，崇尚非标准化、多样化和分散化；在知识论中主张知、情、意相互融合，认为整体的认识高于纯理性的认识；主张各个不同学科的融合，崇尚小和个性，以及重视“形象”，对作品文脉的强调，追求通过拼接和自然生发出新。

后现代包装艺术设计是对现代包装艺术设计的反叛，也是现代主义、国际主义设计的一种装饰性发展。它把机遇和偶然性看得高于一切，出于这样一种考虑，设计师通过在时间和空间中扩展对象，通过确保艺术对象的完成是一个处于非特定和非有限时间的延续过程，摈弃了现代主义者所鼓吹的艺术那有限和不可逾越的方面。后现代主义包装艺术设计的这种无限开放的艺术追求，是对生活本身而不是对任何预定的美学体系的应答，这就是后现代包装艺术设计的整个理念。这种理念的产生使包装艺术设计开始走向多元，它的发展导致了艺术设计的空前扩张，使包装艺术设计突破过去狭义的界限而扩张到无所不包的地步，并且开始打破了生活和艺术、科学和艺术的界限，形成了一系列现代包装设计的新理念。（图 2-9、图 2-10）

图 2-9

图 2-10　潘虎包装设计实验室作品

一、绿化设计观

绿化设计是 20 世纪 80 年代末出现的一股国际设计潮流。它反映了人们对于现代科技文化所引起的环境及生态破坏的反思，同时也体现了设计师道德和社会责任心的回归。绿化设计的目的是系统有序地探索人类产业发展与社会文明的关系，有效地避免现代社会发展与生态环境的冲突。（图 2-11 至 图 2-13）

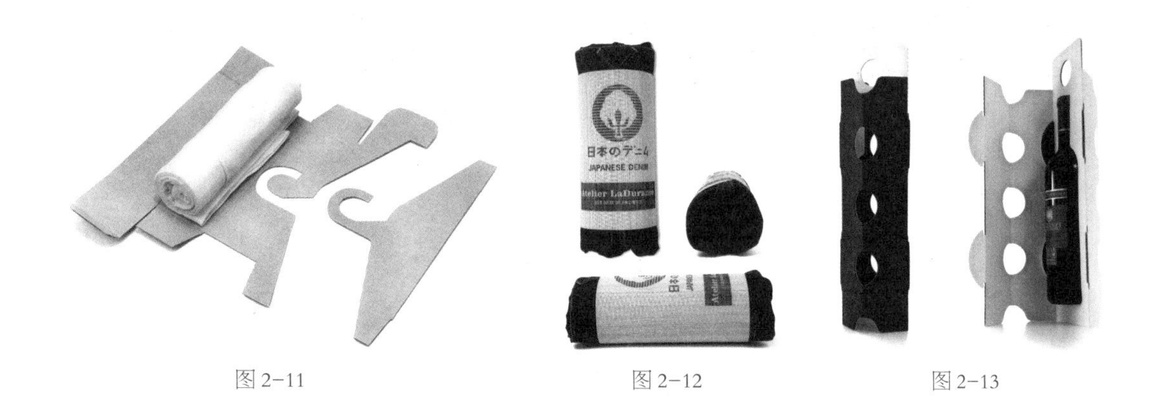

图 2-11　　图 2-12　　图 2-13

在很长一段时间内，现代设计在为人类创造了现代生活方式和生活环境的同时，也给自然和人文环境带来了极大的负面影响，加速了资源、能源的消耗，并对地球的生态平衡造成了巨大的破坏。直到 20 世纪 90 年代进入“绿色主义”消费时期，人类环境保护意识才得到逐步的觉醒。那些容易产生自然生态资源大量减缺、造成环境和视觉污染的包装设计已不被消费大众所接受。绿化设计观着眼于人与自然的生态平衡关系，在设计过程的每一个决策中都充分考虑到环境效益，尽量减少对环境的破坏。包装界认识到地球自然资源是当代人与后代人共同拥有的宝贵财富，创造有利于环境及人类的包装设计，将是当今的消费者和设计师共同追求的目标。包装设计师在考虑到商品销售货架效果的同时更要考虑到环境保护的利弊，设计对环境有益的包装时必须伴随着设计师自身设计思路、设计方法及美学标准的改变。

绿化设计不仅是一种技术层面的探求，更重要的是一种观念上的变革。近年来，世界各国政府及有关设计组织和设计师致力于推出能达到节省资源与保护环境目的的法规。如加拿大多伦多近年来实施了包装设计与制造审批的 3R 原则，即 Reduce——减少用料、Reuse——重复使用、Recycle——能回收再生，不仅要尽量减少物质和能源的消耗、减少有害物质的排放，而且要使产品及零部件能够方便地分类回收并再生循环或重新利用。又如由德国政府提出并得到欧盟国家赞同的新包装设计标准中，规定包装上禁用所有带毒性的有色印刷墨汁（包括金属化合物，如金、银、铜等着色化合物）等。

二、适正设计观

“适正”也称“适当”，即恰如其分。所谓适正包装，正确的解释应是合理的包装。一件成功的包装，并非用料越高级越好、价格越贵越好，而应因商品本身价值、消费者、使用场合的不同要求而异。如果超过了应有的限度，就成了过分包装、夸大包装、欺骗包装，加重消费者的负担，引起消费者的不满。因此，合理而正确的包装，是取决于完美性和包装成本的平衡点。（图 2-14、 图 2-15）

图 2-14

图 2-15

适正化原则体现在包装设计的许多因素中，如从材料强度的保护功能看适正包装，各种物品的性质不同，则保护强度亦不同，要依照物品的易损性、重量、体积大小等来选择适当的缓冲材料及决定包装材料的类型、厚度与质量。

在工业包装中，储运过程中的震动、冲击、挤压、水、温度等会使商品发生破损、损伤而降低其价值，因此“适正包装”即为防止上述种种现象可能造成的损坏所设计的包装。

在商业包装方面，应纠正过大、过度的包装方法或过分简单的包装方法，在设计时应考虑到“保护性”“安全性”“单位容积”“标示”“包装费”“废弃物处理”等因素。材料的精细程度与印刷条件的设定是十分重要的考虑内容之一。

适正化包装的设计，是依据包装试验的数据来决定的，因包装与产销、产品设计、搬运、仓储和运输有密切关联性，通常包装工程师的任务是按产品结构与程度，设定条件、计算材料缓冲值等设计适正包装，同时进行试验来判定安全性，使产品获得最佳保护，包装费用合理。日本包装设计界早在 20 世纪 70 年代初，就提出了适正包装的如下 7 项原则，值得设计师参考。

1. 符合内容物品的保护及品质保全；
2. 包装材料及容器安全;
3. 容量恰当，起售单位装量要适合消费者的需要量;
4. 内容物的表示及说明文字要实事求是;
5. 产品以外的空间容积不能过大（在 20%以下）；
6. 包装费用与产品本身的价值相称（一般占商品售价的 15%以下）；
7. 节省资源和包装废弃物处理方便。

三、系统设计观

系统设计观也就是在包装设计中把所要处理的对象看作一个系统，按照系统方式或方法去研究处理商品包装，既要看到其中的组成部分、组成部分之间的相互联系和相互作用，又要看到它们和环境之间的相互作用，并从总体的角度把包装系统中涉及自然的、社会的和人文的信息加以综合的处理和协调。也就是说，按照系统思想、系统观念，并运用系统方法去观察、分析、设计、控制、管理和协调所要处理的对象。（图 2-16、图 2-17）

图 2-16　叶剑波作品

图 2-17

从横向来看，现代包装设计是一个整体规划的系统设计，兼涵科技、艺术与人文的信息；是知识经济时代对现代商品包装的更高要求，从更高的整体去宏观审视与把握包装设计。作为一个系统，科学技术给包装设计以坚实的结构和良好的功能；艺术和人文使设计富于美感，充满情趣和魅力，成为人与商品间和谐亲近的纽带。片面强调一面忽视其他面，都将使包装设计走向极端，与设计初衷背道而驰。

从纵向来看，现代包装设计以适应市场需求及人类健康与环境保护要求为出发点，以满足不同类型层次的人群消费需要为目标，从市场出发开发商品与包装的设计和生产，再回到市场进入流通与消费环节，通过市场销售与人们的消费检验反馈信息，发现问题与新的需求，再进行产品与包装的改进设计和开发。由此可见，作为形成商品不可缺少的重要构成部分的包装设计，本身就是一个循环推进发展的系统化概念。尽管有些包装只需要对某一方面或局部进行有重点的改进性设计，但作为正确的设计观念、方法，始终要站在系统的角度，以市场流通目标和消费需求为导向，进行系统分析和系统设计，从包装整体系统化设计角度思考与解决问题。

整体系统化设计是市场经济对现代商品包装设计的时代要求。市场需求是现代经济的主导，任何商品开发都离不开市场，都要从市场需求出发，以占领市场为目的。产品必须通过包装才能形成商品，进入流通与消费领域。包装作为现代商品不可分割的重要组成部分，离不开市场与社会消费环境。正确的设计，应该是在产品开发的同时就要考虑到包装问题，产品与包装开发设计都包含着共向的环节，即市场需求—确定目标市场—产品定位开发与设计—包装设计—产品生产—包装工艺—形成商品—进入流通—市场销售—市场与消费信息反馈—总结分析研究，再根据市场与消费需求信息及时利用高科技的新成果，改进产品与包装，形成往复循环推进的系统工程。由此可见，在市场经济条件下，商品包装开发或改进性设计从包装与商品的整体市场定位，到加工生产方式、环境保护、成本核算、选用材料、造型结构与视觉传达设计，以及包装废弃物的回收处理等都必须纳入系统化设计，才能适应时代发展的要求。

另外，系统设计还强调产品形象的统一性，以使人们将设计思路从过去侧重于艺术表现转到信息传达和视觉接受的效果上来。

四、人性化设计观

人性化设计观产生于 20 世纪 80 ～ 90 年代的设计观念多元化时期，并逐渐形成一种不可逆转的设计潮流。人性化设计即是指设计符合人性的要求。人不只是一种物质存在，更是精神的主体，由此，人的需

求就不仅仅是物质实用需求，更包括精神心理需求。（图 2-18、 图 -219）

图 2-18

图 2-19

包装设计要全面考虑包装产品与人的关系。包装不仅是人的物质使用对象，也日益拥有精神观照的内涵。人们购买商品，不仅重视其性能质量、实用与否，更关心是否符合自己的审美趣味、代表个人的风格等。因此，合乎人性化需求的包装设计就应注重对人的物质实用及精神心理的双重满足，一方面功能安全、方便，适于人的操作使用；另一方面，要满足人审美和认知的精神需要。从而使包装不仅是产品的保护对象，同时也成为人精神的对象化产物。

日本设计教育家日野永一说过，“无论哪个时代，为人类的设计这一点总是绝对不能忘记的”。人是万物的尺度，这是人本主义的立场。包装设计的直接对象是“物”，然而“物”的背后却是“人”。无论技术如何发展，包装的人性化始终是设计师必须重视的问题。

当今数字化的发展为包装设计领域带来了崭新的内容，对于设计优良的高新技术产品，未来包装的人性化设计将具有更加全面立体的内涵，它将超越我们过去所局限的人与产品的关系认识，向时间、空间、生理和心理方向发展，同时，通过虚拟现实、互联网络等多种数字化的形式而得以扩延。

人性化设计应是全方位考虑和满足人为目的的设计，为了人身心获得健康的发展、为了健全和造就完美人格精神，只有以人为中心，设计才会永远具有人类生命的活力，“离开了热爱人、尊重人的目标，设计便会偏离正确的方向”。正如美国当代设计家德累福斯所说的：“要是产品阻滞了人的活动，设计便告失败；要是产品使人感到更安全、更舒适、更有效、更快乐，设计便成功了。”

五、文化设计观

在信息化社会里，包装设计除了最基本的机能满足外，更能呈现出社会形态、经济结构、社会文化等的综合变迁。随着社会文明的发展，消费者素质的不断提高，对包装文化内涵的需求显得越来越强烈。

（图 2-20 至图 2-22）

图 2-20

图 2-21

图 2-22

在知识经济的社会，文化与企业、文化与经济的互动关系越来越密切，文化的力量愈益突出，这种文化色彩其中就体现在企业产品的包装设计上，企业不仅是卖产品，更是卖文化。当今时代，消费者心理普遍要求市场带有“文化味”包装产品问世；而这种产品的“文化味”越浓越有名，该产品就越受欢迎越易出名，因而也更容易成品牌。如具有中国传统文化元素的“酒鬼酒”的包装设计。有不少商品缺乏竞争力，原因不在产品原材料不好，也不是做工不精细，而是整个设计文化含量低；不在服务的手段不足，而在于服务的文化品位还不能适应现代人的需要。如今，包装设计应该更加重视包装文化附加值的开发，努力把使用价值、文化价值和审美价值融为一体。运用包装文化性设计理念，有意识地把符合消费者怡情诉求、象征人们特有的审美情感、体现现代人的价值观、顺应大多数消费者的消费行为导向的文化内涵融入我们的设计，就可以包装为载体，向品牌投入文化，在满足消费者怡情的心理诉求的同时，取得他们对包装乃至企业品牌文化的价值认同，实现自己附着于包装的文化识别。包装符合了这样的人文需求，就能以其独特的人文含量在情感上打动消费者，使其因怡情需求而积极购买你的商品，实现情感营销的高附加值销售。另外，我们还应该注意到，设计不应把文化当作提高身价的装饰，只满足于从传统中套用文化符号，而是能够站在更高的高度，理解前人的文化创造，看到前人文化行为中的历史必然性，真正从文化现象中体会到当时的创造者对世界、对自己的理解。我们要从文化中汲取的正是前人具体创作背后的这种对世界、对自己的理解，而不是具体的形式造化。

文化的回归是为了有目的地创造和前进，这种目的性就体现在人文精神对造物的关怀上。人类在对自然的认识和改造实践中，不断从外部物质世界向文化中注入新质，这是维护社会低熵有控的发展、维持文明的有序状态并推动人类进步的根本力量，任何设计都脱离不了它的滋养。以文化为底蕴，把人们的精神追求在造物中加以体现，把人们对物质的追求体现为富有文化艺术气息和理性意味的独特形式，这正是文化的发展在包装设计这一文化现象中的价值与魅力。

第三章　包装材料与造型结构设计

现代包装设计因材料和技术的不断推陈出新，而有了更多的创造性拓展。它不但影响了包装的质量，同时也影响了包装的造型与结构的发展和变化。因此，在进行包装设计时，熟悉各种包装材料的特性，在包装设计中合理科学地加以运用而设计出优美独特的形态结构，是包装设计人员必备的专业素质。(图 3-1)

图 3-1

第一节　包装材料

包装发展到今天，所使用的材料是十分广泛的，从自然素材到人造包装材料，从单一材料到合成材料。在包装设计中对材料的选择则通常是以科学性、经济性、适用性为基本原则。目前，最常用的包装材料主要有四大类：纸材、塑料、金属和玻璃。

一、纸包装材料

纸包装材料是包装行业中应用最为广泛的一种材料，其加工方便、成本低，适合大批量机械化生产，而且成型性和折叠性好，材料本身也适于精美印刷。（图 3-2、 图 3-3）

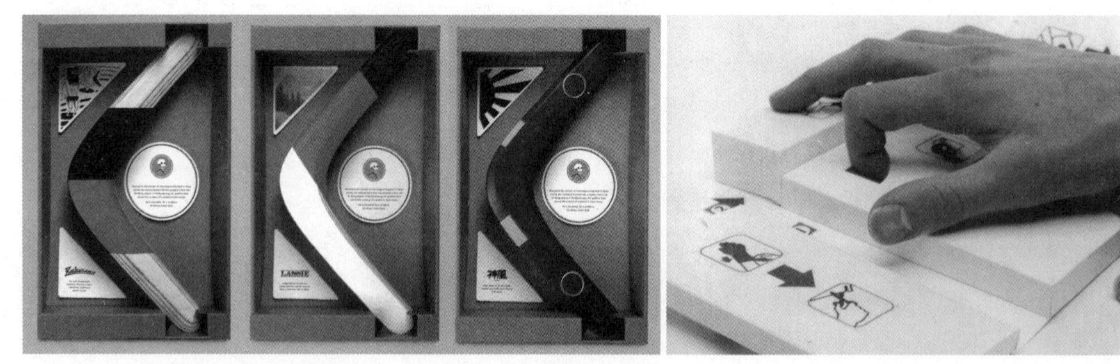

图 3-2　　图 3-3

1. 纸包装的种类：纸包装中的用纸有许多种类，主要有牛皮纸、漂白纸、玻璃纸、蜡纸、铜版纸、胶版纸、白纸板、黄纸板、牛皮纸板、复合加工纸板和瓦楞纸。

牛皮纸：主要采用软质常绿树为原料，以硫酸盐工艺制造，具有成本低、表面粗糙多孔、抗拉强度和撕裂强度高、透气性好的特点。由于价格低廉、经济实惠，多被用于制作购物袋、纸包装袋、食品及小包装用纸、公文袋等，也被用作制造瓦楞纸时的表层面纸。

漂白纸：采用软、硬木混合纸浆，经硫酸盐工艺生产制造而成。具有强度高、纸质白、平密度细、光滑度好、适于现代印刷工艺。常被用作包装纸、瓶贴、标签等。

玻璃纸：是以天然纤维素为原料制成，有原色、洁白和各种彩色之分。其特点是薄、表面平滑、透明度高、密度大、抗拉力强、伸缩度小、印刷适应性强、抗湿防油性好，主要适用于食品的包装，具有防潮、防尘等功效。

蜡纸：是在玻璃纸的基础上结合涂蜡技术制成的耐水性强，半透明、不变质、不粘、不受潮、无毒性、有一定强度的纸张，主要用于内包装，是很好的食品包装材料以及纺织品、日用品的隔离保护包装材料。

铜版纸：铜版纸分单面和双面两种。主要采用木、棉纤维等高级原料精制而成。铜版纸可分为灰底铜版卡纸、白铜版卡纸、铜版西卡纸。其特点是纸面平滑洁白、粘力大、防水性强。使用于多色套版印刷。

胶版纸：胶版纸有单面和双面之分，含有少量的棉花和木纤维。胶版纸的特点是纸面洁白光滑，适用于信纸、信封、产品说明书、标签等。

图 3-4

白纸板：以化学浆配以废纸浆制成。白纸板的种类有许多，厚度一般在 0.3 ～ 1.1mm 之间。有普通白纸板、挂面白纸板、牛皮浆挂面白纸板等。由于其强度大、易折叠加工的特点而成为产品销售包装纸盒的主要生产用纸。

黄纸板：是指以稻草为主要原料，用石灰法生产的纸浆抄制而成的低级纸板，主要用作粘贴于纸盒内起固定作用的盒芯。

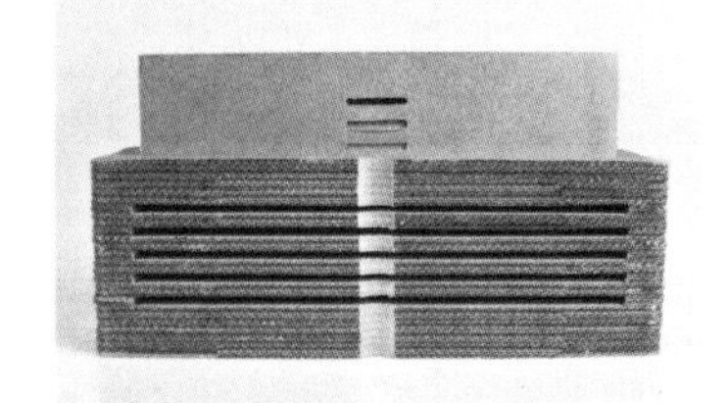

图 3-5

牛皮纸板：用硫酸盐纸浆抄制而成。一面挂牛皮浆的称为单面牛皮纸板，两面挂牛皮浆的称为双面牛皮纸板。主要用作瓦楞纸板面纸的称为牛皮箱纸板，其强度大大高于普通面纸纸板。另外还可结合耐水树脂制成耐水牛皮纸板，多用于饮料的集合包装盒。

复合加工纸板：是指采用复合铝箔、聚乙烯、防油纸、蜡等其他材料复合加工而成的纸板。它弥补了普通纸板的不足，具有防油、防水、保鲜等多种新的功能。

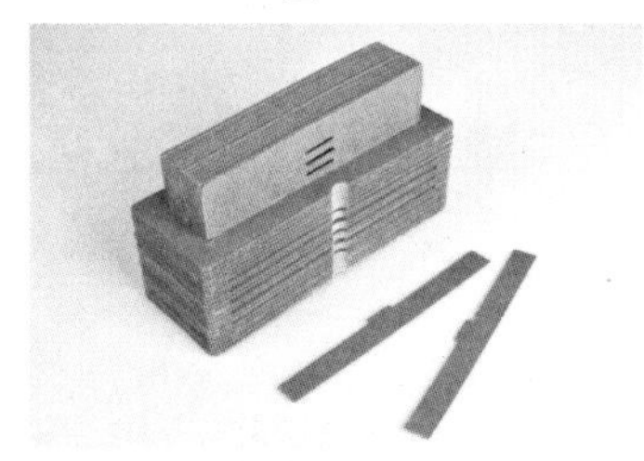

图 3-6

瓦楞纸：瓦楞纸又称箱板纸，是通过瓦楞机将有凹凸波纹槽形芯纸的单面或双面裱上牛皮纸或黄板纸。瓦楞纸的特点是耐压、防震、防潮、非常坚固，瓦楞纸主要用于制作外包装箱，用以在流通环节中保护商品；也有较细的瓦楞纸可以用做商品的销售包装材料或商品纸板包装的内衬以起到加固和保护商品的作用。（图 3-4 至图 3-7）

图 3-7

2. 纸和纸板的规格：随着造纸技术的发展，相关的行业标准陆续出现，使造纸在生产、使用、加工等环节更加标准化和国际化。

纸的基重：表示纸张重量的一种单位。目前国内使用的单位为 g/m^2，比如说 200g 纸就是指每平方米纸的重量是 200 克。

纸的令重：通常 250g 以下的纸以 500 张为一令，10 令为一件进行包装。250g 以上的纸则大致以每件不超过 250kg 为准。

纸的厚度：测量纸的厚度有公、英制两种方法，公制以 1/100mm 为单位，称作“条数”，即 0.01mm 为 1 条，厚度为 0.2 毫米则为 20 条；英制则以 1/1000 英寸为单位，称作“点数”，0.001 英寸为 1 点，厚度 0.02 英寸则为 20 点。

纸的开数：是指纸张的裁切应用标准，比如，国内目前通常使用的一种纸张基本规格为 787mm×1092mm，即为整开，平均裁切成两等份称为“对开”，依此类推，如“4 开”“8 开”“16 开”等。

3. 纸和纸板的性能：了解纸张的性能，合理利用不同纸质的特点，对包装设计最终的视觉效果会起到很大的作用。

纸的表面性能：是指光滑度、硬度、黏合性、掉粉性等。

纸的物理性能：是指纸的定量、厚度、强度、弯曲性、纹理走向、柔软性、耐折度等。比如说在设计玻璃瓶贴时，通常应使纸张的纹路处于水平方向进行印刷和粘贴，这样才能使瓶贴黏合牢固，否则纵向纹路很容易变形、起泡、脱落而影响美观。

纸张适印性能：不同的纸质会对印刷效果产生影响，像光滑度、吸墨性、硬度、掉粉度等。

二、塑料包装材料

自从 20 世纪初塑料材料问世以来，已逐步发展成为经济的、使用非常广泛的一种包装材料，而且使用量逐年增加，应用领域不断扩大。（图 3-8 至 图 3-12)

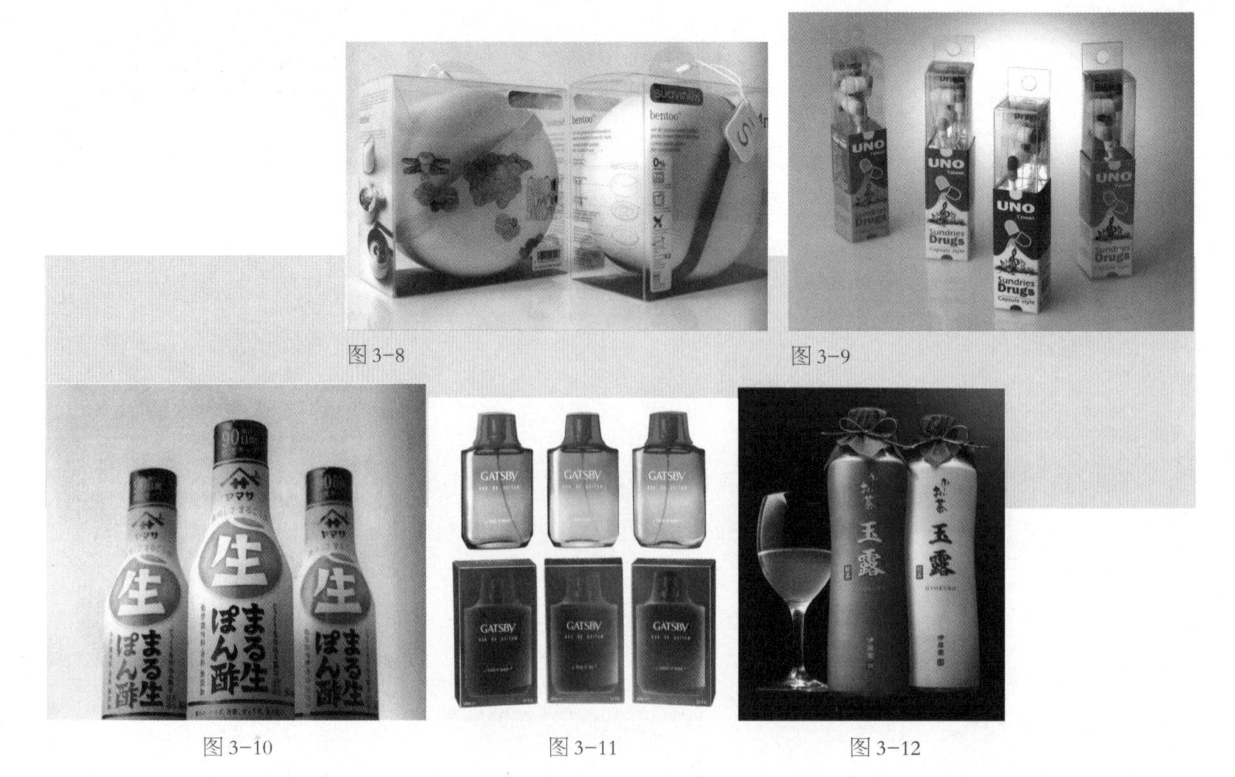

图 3-8

图 3-9

图 3-10

图 3-11

图 3-12

塑料是一种人工合成的高分子材料。塑料与天然纤维构成的高分子材料，如纸和纸板等不同。塑料高分子聚合的不同使结晶状态不同，而产生不同的结果，因此，最终形成了诸多性能不同的产品。

作为包装材料，塑料具有良好的防水防潮性、耐油性、防腐性、透明性、耐寒性、耐药性，而且成本低、质量轻、可着色、易加工、强度高等特点，加工时可以塑造成多种形状，也可以进行包装印刷。当然塑料也有其缺点，像透气性差和不耐高温以及回收成本较高，对环境容易造成污染等。不过，随着化工技术的不断进步，这些缺点也会随之得到改善。

塑料包装材料按照用于包装上的形式，还可以分为塑料薄膜和塑料容器两大类。

塑料薄膜具有强度高、防潮防油性强、保护性能好、防腐性能好等特点，成为很好的包装内层材料，常作商品的紧缩包装。可分为聚氯乙烯薄膜、聚丙烯吹塑薄膜、聚丙乙烯薄膜、聚偏乙氯乙烯薄膜、聚乙烯醇薄膜等。

聚氯乙烯薄膜：无毒并有一定张力、透明性能好、机械性良好、透气性较差。适用于化工产品、药品、纺织品等的包装。

聚丙烯吹塑薄膜：质轻，具有强韧、耐用、防湿性佳、耐热、绝缘等优点。多用于针织品、纺织品等的包装。

聚丙乙烯薄膜：具有透明度高、透气度低、耐温性好、耐酸碱等特点。容易加工成型、尺寸固定准确，可防止气味和水分散失，适用于做保鲜膜。

聚偏乙氯乙烯薄膜：透明、质软、无味、强韧、透水性低、不能热封，一般用作食品长期保存，保持鲜度。

聚乙烯醇薄膜：具有透明性佳、透气性低、保香性佳、强韧、耐磨性高、不易附着尘埃等特性，适用于食品、纺织品的包装。

塑料容器是以塑料为基材，经各种加工方法制造出的硬质包装容器，可以取代木材、玻璃、金属、陶瓷等传统材料的包装容器。其优点是成本低、重量轻、可着色、易生产、耐化学性、易成型等，缺点是不耐高温和透气性较差。

塑料容器包装的成型方法主要有下列几种：一是挤塑，即挤出成型，主要用于生产管材、片材、柱形材等特定型材；二是注塑，又称注射成型，这种工艺需要制造模具，其成本较高，但是优质的模具可以保证制品的标准化、尺寸精确、表面光洁、适合大批量生产，这种工艺目前被广泛应用于塑料杯、塑料盒、塑料瓶、塑料罐等容器的生产制造；三是吹塑，是制造中空瓶型容器的主要方法，像化妆品容器、饮料瓶、调料瓶等大都采用这种工艺。

三、金属包装材料

金属材料的包装在 19 世纪初期开始得到应用，起初是为了满足军队远征时长期保存食物的需要。随着工业化的发展、制造技术的进步，金属包装逐渐成为深受人们喜爱的包装形式。它可以隔绝空气、光线、水汽的进入和香气的散出，密闭性好，抗撞击，可以长时间保存食品。并且随着铁印技术的发展，外观也越来越漂亮。现在常用的金属包装材料主要有马口铁皮、铝、铝箔和复合材料等（图 3-13 至图 3-16）。马口铁皮是采用厚度在 0.5mm 以下的软钢板制成的积层材料，是最早使用的金属包装材料，大多用于食品罐包装，一般分为三件罐（由体、盖、底三部分组成）和二件罐（罐体与底冲剪为一件），并且采用电镀技术和镀铬技术以增强包装材料的性能，加强耐蚀性。马口铁皮具有牢固、抗压、不易碎、不透气、耐生锈、防潮等特点。适用于食品包装中咖啡、奶粉、茶叶等的包装。

图 3-13

图 3-14

图 3-15

图 3-16

铝材用于包装的历史较铁皮要晚一些，但它的出现却使金属包装产生了大的飞跃。铝具有优良的金属特性 ：耐蚀性、质地软、易加工成型、不易生锈，没有金属离子溶出时产生的异味，无毒、印刷性良好，其延展性、强度和耐蚀性受到所含合金的种类及其含量的影响。是近年来大量采用的制罐材料，尤其适用于易拉罐制品。

铝箔是由铝锭压成铝条后再加工制成的，也是重要的铝质包装材料，具有良好的适用性、经济性、卫生性，其硬度大、保温、保香、保味、防菌、防虫、防霉、防潮，极为清洁，非常适合食品类的包装。铝箔具有明亮的光泽，印刷性良好，还很容易进行着色、压花等工艺技术的加工处理，是一种理想的食品和日用品包装材料。

近年来，考虑到节约资源以及金属材料回收处理的成本等因素，复合材料的使用以及罐体材料的综合使用越来越得到重视。在容器材料上复合使用塑料膜、铝箔、牛皮纸等材料，多用于替代一些液态或粉状的家庭日用品和食品的包装。

金属包装容器包括金属罐、金属软管。金属罐又分马口铁罐、铝罐、合成罐等。金属软管包括了铝制软管、锡制软管、铅制软管，具有防氧化、密封性、保护性良好的特点，多用于生活用品、化妆品、医药用品、工业用品等的包装。

四、玻璃包装材料

玻璃作为容器的应用早在公元前 16 至 15 世纪的古埃及开始，是最古老的包装材料之一。玻璃主要是由天然矿石、石英石、烧碱、石灰石等，在高温下熔融后迅速冷却，形成透明的个体状或非结晶状。由于早期是手工制造完成玻璃瓶，作为包装容器无法进行规模性的生产而未得以广泛应用。17 世纪末 18 世纪初，开发了玻璃生产的技术，直至 1903 年，世界首台自动制瓶机投入使用，使得玻璃业以及玻璃容器制造业迅速发展。（图 3-17 至 图 3-19）

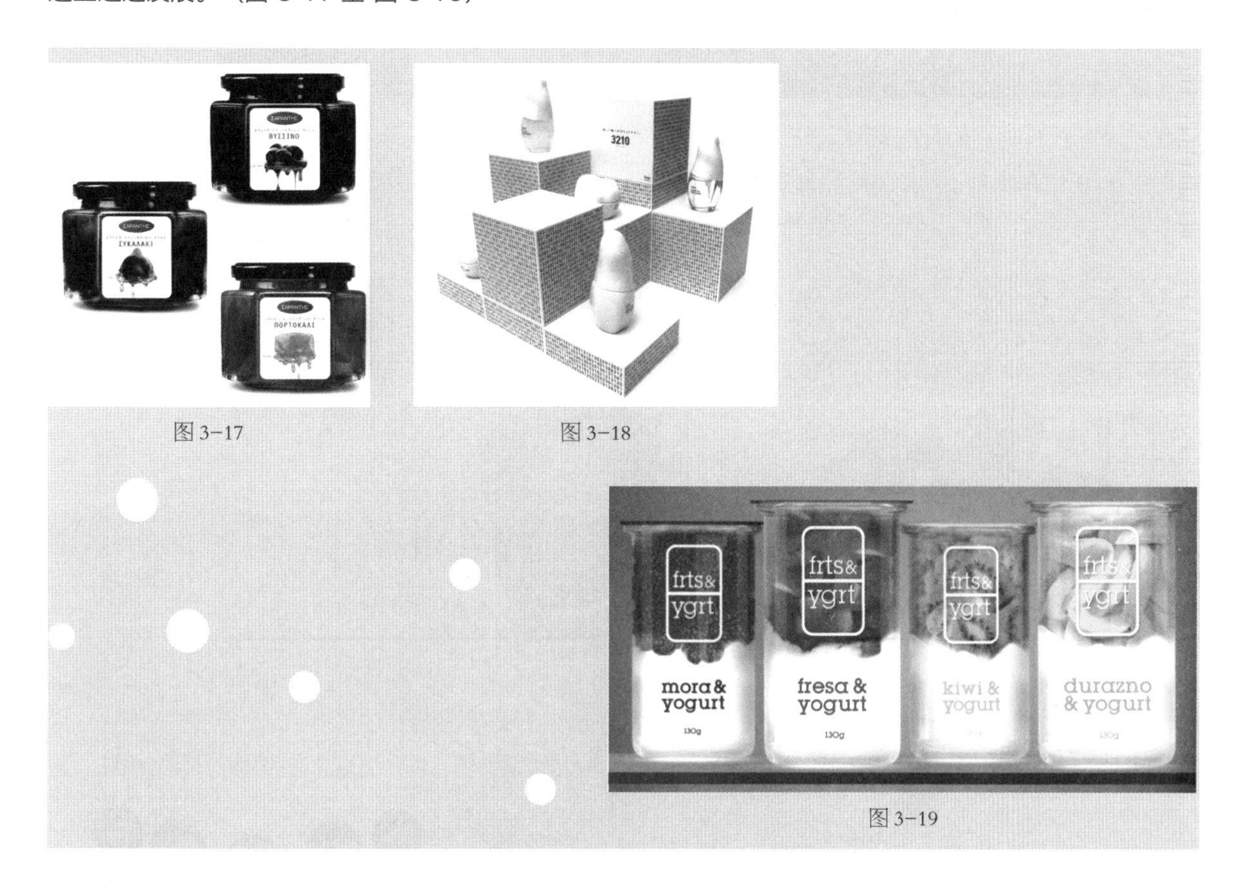

图 3-17

图 3-18

图 3-19

玻璃是无机物质，具有良好的化学惰性和抵抗气体、水、酸、碱、化学试剂等腐蚀的能力，几乎不与任何内容物相互作用；有良好的光学性能，可以是高度透明，也可以根据被包装物的实际需求制造成各种颜色，以屏蔽紫外光和可见光对内容物的光催化反应。由于其加工成型过程的特殊性，使其造型、色彩、大小均具有相对较大的可塑性，可完成许多富有创意的容器造型。另外玻璃还具有硬度大、耐热、易清理，并具有可反复使用等特点，被认为是最佳包装容器之一。其缺点是重量大、运输存储成本较高、强度较低、易破碎。玻璃作为包装材料主要用于食品、油、酒类、饮料、调味品、医药用品、化妆品以及液态化工产品等，用途非常广泛。

玻璃按照成分可分为以下几种：一是钠玻璃，适用于经济型大批量生产的玻璃制品，如食品罐、玻璃瓶、平板玻璃、灯泡等；二是铅玻璃，具有结晶亮的特点，主要用于高级玻璃制品，如酒瓶、光学玻璃、工艺品等；三是硼砂玻璃，具有低膨胀性和耐高温的特点，主要用于耐高温玻璃容器的制造。

玻璃容器的成型按照制作方法可以分为人工吹制、机械吹制和挤压成型三种。人工吹制是传统的手工制造方式，使用长的真空吹管，用嘴吹制，这是传统的手工艺技术，现在主要用于制作形状复杂的工艺品；机械吹制是用机器进行的大规模生产，主要用于制造形状固定、要求标准、批量大的玻璃容器，像啤酒瓶和标准制式的玻璃容器大都是采用机器成型法吹制的；挤压成型是将玻璃原料熔化，注入模具中挤压而成的，模具表面的光泽度和肌理会直接反映在玻璃表面上，用这种方法生产的玻璃容器价格低、产量高、外形美观，但是壁体较厚。

玻璃容器的材料设计应用，通常与容器的分类一起综合考虑。分类的方式也较多，可按照内装物分类；按照容器瓶口、瓶身造型分类；按照原料成分分类等。另外，玻璃的表面还可用丝网版印刷、喷砂、化学腐蚀及粘贴标签等方法进行加工，以增加其产品的丰富性和艺术魅力。

除了以上介绍的四种主要的包装材料外，目前还有木材、陶瓷、纺织品等也常被用作包装材料，特别是在传统土特产品的包装中经常被采用。还有一些各种各样的辅助材料如发泡聚苯乙烯（PPS）、低密度的发泡粒状（EPS）聚苯乙烯等常被用来做产品的包装内胎和衬垫以及包装的缓冲填充物。随着材料科学在金属、高分子材料、复合材料、无机非金属材料方面的研究进展，一些新兴的诸如纳米材料、生物材料、太空材料等在包装行业的应用，必将会对未来包装设计的功能和形式产生重大的影响。（图 3-20 至图 3-24）

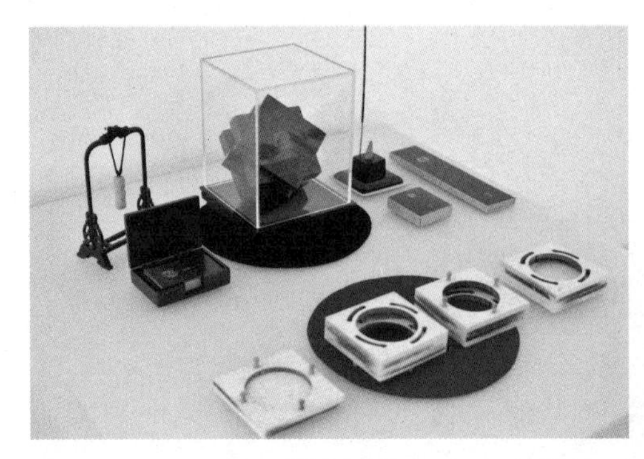
图 3-20

图 3-21　姜旭明作品

图 3-22

图 3-23

图 3-24

第二节　包装容器造型设计

包装容器的造型设计，是整体包装中很重要的基本设计，通过它可以使包装增加形象力、吸引力和个性，使消费者通过视觉、触觉以及心理感受对产品本身的素质形象及企业文化产生相应的认识，从而加深对该产品的印象，诱发购买欲。在所有容器当中，塑料、玻璃和金属等是最常见的容器包装材料。在包装容器造型设计中，既要体现出物理性的功能因素，又要表现好艺术性的视觉因素。（图 3-25）

一、容器造型设计的要点

图 3-25

1. 准确把握商品特性 ：每种商品都有着不同的形态与理化特性，因此它们对于包装的材料和造型的要求也就各不相同，需要有针对性地进行设计。比如具有腐蚀性的产品最好使用性质稳定的玻璃容器；不宜受光线照射的商品，就应采用不透光材料或透光性差的材料；还有像啤酒、碳酸类饮料具有较强的气体膨胀压力的产品，应采用利于内力均匀分散的圆柱体等。（图 3-26 至图 3-28）

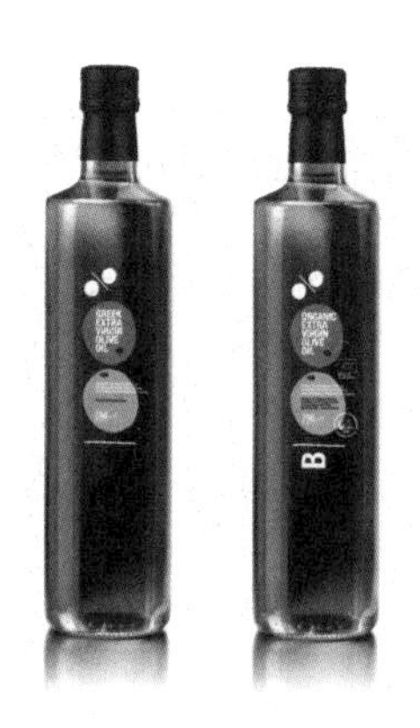

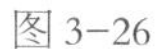

图 3-26

图 3-27

图 3-28

2. 使用目的与容量 ：容器的造型与使用目的有直接的关系，特别是高档的销售包装容器，外观造型有独到的创意是十分重要的，因为它既要有内在的实用功能，也要有外观的装饰功能和促销作用；如果是以贮藏、运输为主要目的，那么则要更多地考虑它的实际耐用性和适用性。同时要根据消费者使用的状况和生产工艺条件对器物容量做出适当的设计。

3. 对商品最完备的保护 ：容器对商品的保护性要从商品特性和储运因素来具体考虑。它不仅应体现在免受外力碰撞的物理性侵害，还应该体现在使商品避免化学性侵害，像许多液态药品的包装就要注意其密闭性，不与空气接触。对于香水等易挥发性商品的容器设计就要考虑到减小容积与瓶口。(图 3-29、图 3-30)

图 3-29

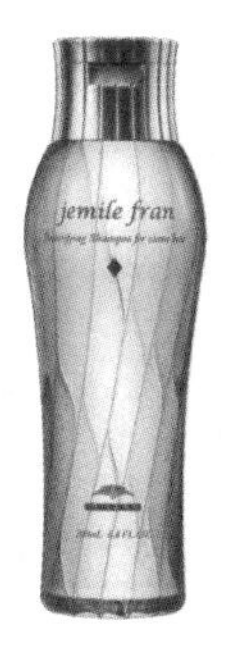

图 3-30

4. 携带使用的便利：容器在消费者携带和使用的过程中应尽量体现出对人的关怀，体现出便利性。它不但体现了现代设计师对消费者人文的关怀，而且还展现了企业经营的文化理念和社会责任，从而树立起良好的企业品牌形象。在日常生活中，我们常会遇到很难开启的包装，相比之下，携带和开启方便的商品就会得到消费者的青睐。

5. 视觉与触觉的美感：包装容器离不开富有美感的造型。许多包装容器通常并没有过多的装饰图案，因此容器的造型形态与艺术个性就成了吸引消费者的主要方面。容器造型的艺术美感不但要建立在同产品本身特性和谐统一的基础之上，而且，容器的触觉几乎和视觉同样重要。在传达商品个性和愿望方面，触觉通常比文字和图像更为有力。其触觉表面的丰富的肌理变化为消费者带来了不同的审美感受，传达出某种情绪与情感特征，让人情不自禁有俯身拿起它、触摸它、感受它的愿望。触觉肌理与视觉造型的和谐统一构成了完整的容器造型的美感特征。（图 3-31 至图 3-33）

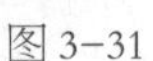
图 3-31

图 3-32

图 3-33

6. 结合人体工学知识：容器设计的最终目的是人的使用方便，因此必须考虑到人在使用过程中人与物的关系，通过对消费者肌体生理特征、认知特征、行为特征的研究，把人机关系体现在容器造型的效能和设计尺度上。比如什么样的消费者使用？在何种场所使用？使用的方式、使用的次数？容器造型如何能使得这些动作方便省力，均可影响到容器的造型和造型尺寸的把握。

7. 适合生产工艺的要求：在进行外观造型设计时，富有独到的创意固然十分重要，但是，与此同时要考虑到成型过程的工艺可行性，以及随后的表面装饰处理。不同材料的容器加工工艺是不同的，如果玻璃瓶的表面要印刷，那么外观形状则要充分兼顾印刷机械设备的相关功能 ；如果在后加工中要使用贴标机，那么在造型设计时要注意在瓶底加上凹或凸的定位标记，以便机器识别。

二、容器造型设计的方法

虽然包装设计属于平面视觉传达设计的范畴，但容器造型设计则更多地具有工业设计的色彩，因此，容器造型设计在设计的思维和表现方法上同纯平面设计都有着很大的不同。

1. 体块的组合变化 ：是通过两个或多个相同或不同的形体组合为一个新的整体造型，是一种加法处理形式。组合的关键在于追求组合后产生的整体美感。通过对外形轮廓线、组合方向、各部分的大小比例关系，相邻表面间的转折过渡，以及不宜多的组合数量的变化处理，使人感到结构更为紧凑、整体感更强。（图 3-34 至图 3-38）

图 3-34

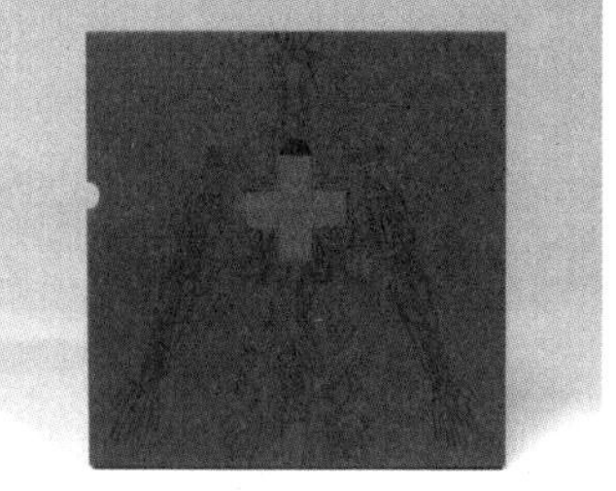

图 3-35

图 3-36

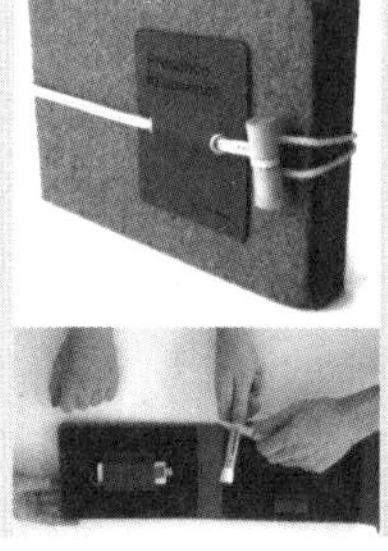

图 3-37

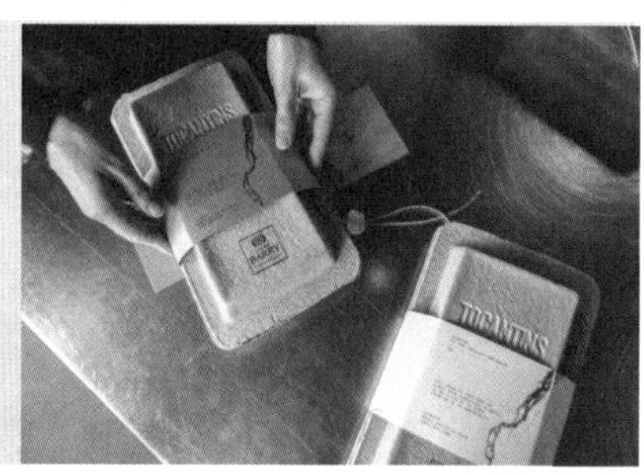

图 3-38

2. 体块的分割变化：分割是一种减法处理形式，同样需要注意分割形体与整体造型之间的关系，这种关系主要体现在分割的线型和分割的量两个方面。对基本形体加以局部的分解切割，可以得到更多体面的变化，做的虽然是“减法”，实际上却得到了“加法”的效果。

3. 体面的起伏变化 ：因为容器造型是三维的造型，就不应该仅仅限于平面视觉角度的曲线起伏变化，空间的变化可以产生更丰富的审美感受。不过在设计时应该考虑到不影响容器的功能性以及与商品特性之间的和谐关系。

4. 形体的透空变化：透空变化手法是指分割中的一种特殊的“减法”处理，在造型中是以“洞”和“孔”的形式出现。这种透空不但可以获得造型上的个性，求得独特的审美情感，有些还具有实用功能，比如提手、把柄等。

5. 体面的饰线变化：是对形体表层施加的线条装饰变化，会产生良好的触感与视觉效果。一般可以通过线条的粗细、曲直、凹凸以及数量、疏密、方向、部位的变化，产生庄重或活泼、饱满或挺拔、柔和或流畅的节奏感与韵律感。需要注意的是要保持整体格调的和谐，不宜硬加强施，画蛇添足。（图 3-39 至图 3-43）

图 3-39

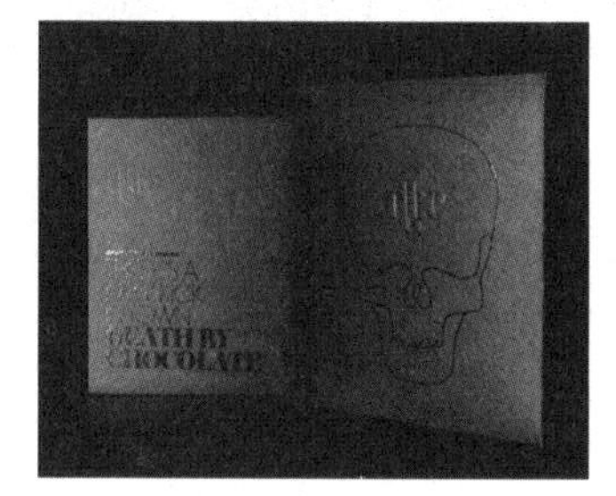

图 3-40

图 3-41

图 3-42

图 3-43　胡韩作品

6. 表面的肌理变化：肌理变化在视觉艺术功能和触觉使用功能方面都是极易产生亲和力的手段，是在视触觉中融入某些想象的心理感受。在造型设计时，运用不同的表层肌理可以使单纯的形体产生丰富的表情，增加视觉效果的层次感，使主题得到升华。比如说玻璃容器使用磨砂或喷砂的肌理效果，在品牌形象的部分却保持玻璃原来的光洁透明，这样不需要色彩表现，仅运用肌理的变化就可以达到突出品牌的效果，并使容器本身具有明确的性格特征。

7. 局部特异的变化：特异的手法是指在相对统一的造型变化中安排局部的造型、材料、色泽的变异。从而使这个特异部分成为视觉的中心点或是创意的重点表现之处，就像“画龙点睛”之笔，从而使整个结构富于变化，具有层次感和节奏美。这种变化幅度较大，加工工艺较复杂，成本较高，适用于较高档的包装设计。宜在盖、肩、身、底边、角等部位进行处理。

8. 造型的仿生变化：在自然界中，充满了优美的曲线和造型，这些都可以作为我们造型的参考。使包装造型更具形象感、生动性和吸引力。比如，水滴形、树叶形、葫芦形、月牙形等常被运用到造型设计当中，可口可乐玻璃瓶的造型据说也是参考了少女躯干优美的线条来设计的，长久以来被人们津津乐道。

9. 盖的处理变化：在整体造型统一的前提下，盖的造型可以丰富多样，在其形状、材料、色彩上都可以有别于容器本体，因为通常盖部并不承担装载商品的功能，而只是起到密闭的作用。通过精心设计，盖可以成为整体造型中的锦上添花之处，从而提高容器的审美性。

第三节　纸盒包装结构设计

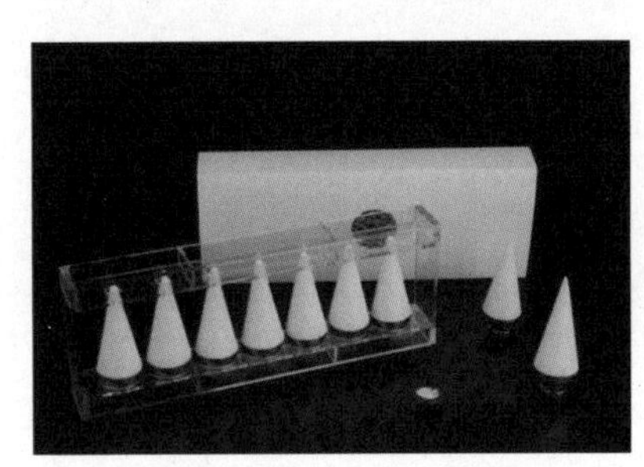

图 3-44　宋丽丽作品

纸盒包装是目前应用最为广泛、结构变化最多的一种销售包装容器。它具有成本低、易加工、适宜大批量生产、结构变化丰富多样的优势，是最适合精美印刷的包装类型，且展示促销效果好。纸包装一般都是以折叠压平的形态由生产厂家制造出来，因此运输和存储成本低，占用空间小。当然，纸包装也有其缺陷，比如对商品的重量及大小尺寸会有一定要求，不宜作为特别贵重的礼品包装等。（图 3-44）

图 3-45

一、纸盒结构设计的要点

1. 选材的恰当与经济：由于纸材的丰富多样，所以选材时就必须根据产品的特性，做出适当的选择。比如纸材的厚度是否可承受其重量和搬运时不同外力的作用？纸材品种选择是否浪费？是否易生产与印刷？不但会造成包装成本的上升，而且还会影响商品的安全。另外，还可以考虑套裁以节约成本。例如，小型纸盒的盖与底，分别与盒子的正、背面结合。这样可以上下套裁，节约纸张。（图 3-45、图 3-46）

图 3-46　张萌作品

2. 结构的合理与美观：纸盒结构不但应依据产品和消费者的特点和需要，还要根据纸材的特性来进行设计。一方面，我们知道纸是具有弹性的材料，为了牢固就要考虑到摇盖的咬合和插舌的切割形状，通过插舌处局部的切割，并在舌口根部做出相应的配合，把贴接口放在与咬合部分没有关系的地方，就可以有效地通过咬合关系解决牢固性问题。有些产品为了美观起见，可以把摇盖的开口放到盒子背面，并将摇盖和舌盖设计为一体，然后做 45° 的对折就可以做到切口的美观。另一方面，纸盒结构的整体强度与密封度是否达到产品保护，使用时是否容易打开，是否易封合或可再使用，是否易携带，内容量是否适当，纸盒是否可被消费者接受，是否具备相应的商品价值感，视觉感是否明确美观，是否具有展示效果并与展示柜配合，也要在设计中引起重视。

3. 符合生产工艺的要求：包装纸盒的结构设计，不能脱离后期的加工和生产环节。认识与了解纸盒加工生产的工艺，对包装结构的实现和生产率的提高都有着相当重要的作用。在纸盒结构设计时，纸盒结构是否可展开，能否一体化？是否能配合生产与印刷的机械设备？胶合方式是否容易？成型方式是否简便？纸材的厚度与接合的公差是否解决？压痕的设计以及在生产中认清纸的纹理，都会对效果产生一定的影响。比如纸盒造型宜方不宜圆，它很容易得到挺括明确、爽利硬朗的边角转折，但作圆的处理较为复杂，给大批量生产带来很大困难。（图 3-47、图 3-48）

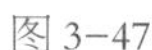
图 3-47

图 3-48

4. 良好的结构机能性 ：纸盒结构的整体强度与密封度是否达到产品保护的标准，使用时是否容易打开，是否易封合或可再使用，是否易携带，内容量是否适当，都会影响包装结构的机能性。其中对纸盒结构的固定直接关系到对产品的保护。固定纸盒的结构通常可以采用两种方法 : 第一是利用纸盒本身的结构，在设计上使两边相互扣住，这种固定方法外形美观，看不到粘接或打钉，生产工序简便 ; 第二是利用粘接或打钉的固定法 , 利用粘接的方法可以使纸盒预先粘接好某些部分，生产时多一道工序，但在使用时会大大提高效率。比如，管式结构的自动锁底采取预粘的方法，使用时底部的工序被简化为零，非常方便。

二、纸盒的基本结构形式

纸盒结构通过折叠、切割、黏合方法可以拥有无数形态，它们大致上可以分为以下几种结构形式。

1. 摇盖式 ：摇盖式纸盒是最普遍采用的形式。是用一张纸做成，盒盖的一边是与盒的托盘连接为一体的结构，使用时摇动开启。有的主盖有伸出的插舌，以便插入盒体起到封闭作用。这种盖在管式纸盒结构包装中应用最为广泛。（图 3-49）

2. 套盖式：套盖与盒身是分离的，以套扣形式进行封闭关合，常在套盖后用封签和包扎带加固结构。套盖式的纸盒要求纸材比较硬，多见于礼品包装、鞋的包装。（图 3-50）

3. 黏合式：黏合式纸盒没有插入结构，直接用黏合剂把上盖与底部黏合在一起，这种黏合的方法密封性好，适合自动化机器生产，但不能重复开启。是一种坚固的纸盒，多用于包装粉状、粒状的商品，如洗衣粉、谷类食品等。加入防水材料的纸盒还可以用于液体的包装。（图 3-51）

4. 套装式：套装式也被称为抽屉式，结构比较简单，套盒为单向折叠后的桶状结构，可单向或双向开口。抽开后的内盒可以是敞开的，也可以是封闭的，以形成多层次的变化。具有开启方便、便于陈列的特点。如火柴盒就是典型的套装式盒。（图 3-52）

5. 开窗式：即对盒面、盒边运用挖洞或割折的方法，就像在墙体上打通了一个窗户。开洞部分往往罩以透明 PVC 塑料片或玻璃纸，以直接显示商品。开窗部分必须考虑形状、大小、数量、部位的不同变化。它的最大优点是能够展示内容物。（图 3-53）

图 3-52　叶剑波作品

图 3-53　王思雨作品

图 3-49

图 3-50　张捷霖作品

图 3-51

6. 锁扣式：这种结构通过不同面或盒部的四个摇翼，使它们产生相互插接锁合，使封口比较牢固，但组装与开启稍有些麻烦。可分为锁口式和锁底式，锁扣式没有粿糊的工作，最简单、省料，这种结构的纸盒多用来盛放糖果、食品等。（图 3-54）

7. 组合式：又称姐妹式，是由一张纸折叠而成的两个或两个以上相同造型的纸盒包装，既要注意整体效果，又要注意结构的变化。这种造型往往具有人情味，可爱、有趣，适合包装化妆品和礼品。（图 3-55）

8. 提携式：提携式纸盒携带最为方便、简洁，且成本低、便利消费者。提携部分可以附加，也可以利用盖与侧面的延长相互锁扣而成，又可以利用内装商品本身伸出盒外的提手。多用于体积较大的商品包装。（图 3-56 ）

9. 陈列式：陈列式纸盒又称“POP”包装盒，在超级市场中运用较多，它同时起到广告的作用。陈列式包装外形变化较多，尤其是盖部的造型须别致而富有意趣，其形式有可打开支撑的盒盖侧面以展示内容，打开部分常常加以宣传说明，图形色彩设计生动，产生十分强烈的视觉吸引力，以起到促销的效果。（图 3-57）

10. 台式：台式盒下部有一平台式底座托装置加以固定商品，其盖部可以是摇式，也可以是套式，一般用以包装名贵产品的高档包装。如珠宝、香水、工艺品等。（图 3-58）

11. 漏口式：漏口式包装是有活动漏斗作为开启口的结构形式，其主要特点是使用方便和控制用量。一般用于粉末或小粒状内容物的包装，如粮食制品与洗涤制品等。（图 3-59）

12. 套桶式：套桶式结构也比较简单，没有盒的顶盖和底盖，单向折叠后成桶状。商品的一部分伸出盒外，既能看到商品，又能看到盒面的装饰图形、文字和商标，两者相配，可以取得生动的效果。具有开启方便、便于陈列的特点。（图 3-60）

13. 异形纸盒：异形纸盒是由折叠线的变化来引

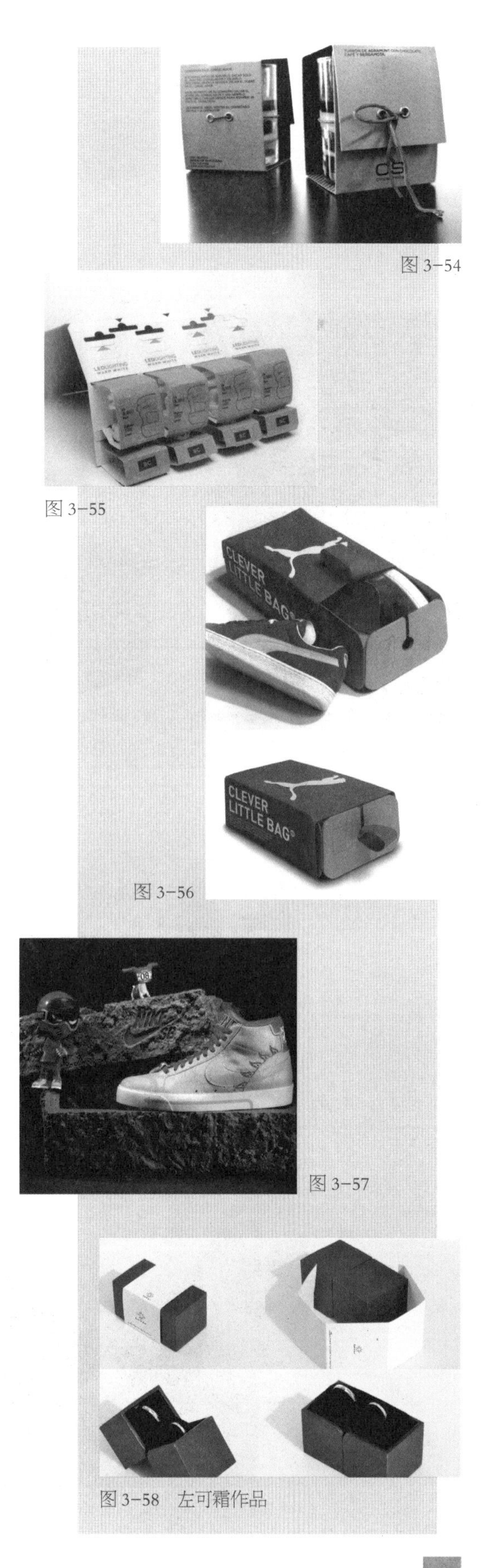

图 3-54

图 3-55

图 3-56

图 3-57

图 3-58　左可霜作品

起盒的结构变化，其处理手法是对面、边、角加以形状、数量、方向、减缺等多层次处理呈现出来的包装造型。其变化幅度较大，造型独特、有趣、美观、富有装饰性效果。（图 3-61）

14. 拉链式：拉链式纸盒使用范围非常广泛，可采用在纸盒的一个面上或周围切开的方法，也可用开封性和再封性双全的结构，可用于盛放餐纸、卫生纸，具有方便、卫生的特点。（图 3-62）

15. 吊挂式：吊挂式通常与开窗式相结合来展示商品，它是陈列式纸盒的一种转化形式，这类纸盒适合包装重量较轻的商品。如五金用品、儿童玩具、休闲食品、装饰品等。（图 3-63）

图 3-59　　图 3-60　刘双录作品

图 3-61

图 3-62

图 3-63

第四章　包装的视觉传达设计

图 4-1

包装的视觉传达是包装的一个非常重要的方面，据研究表明，在人的视觉、听觉、触觉、嗅觉、味觉和神经觉这六大感觉中，其中视觉接收的信息最多，占接收总信息量的 80% 以上。包装的目的就是对视觉信息的最佳传达。包装视觉传达设计也正是通过视觉元素对包装造型的外表加以视觉信息的设计和装饰，以使商品在销售过程中有效地起到促销宣传和传达商品信息的作用。（图 4-1）

包装的视觉传达设计有三个主要特征：一是信息性，信息传达存在于视觉符号的表现之中，包装一方面通过商品名称、标识、使用说明等向消费者传递商品的信息，另一方面通过文字、图形、色彩的设计传达出商品的属性及个性，它们是包装视觉传达设计最主要的目的；二是促销性，在激烈的产品市场竞争中，通过包装的视觉传达设计，首先要使包装具有视觉冲击力，给消费者留下良好的视觉印象，只有这样才能进一步引起消费者的关注，从而引导购买行为，以促进商品的销售；三是工艺性，包装视觉传达设计的最后的效果实际上都是由印刷制作和工艺加工来最终实现。因为包装的种类、形态很多，针对如纸盒包装、金属罐、塑料包装、玻璃瓶、木材、陶瓷等不同材质特点的包装。包装的印刷和加工工艺也不尽相同，不仅有胶印，还有凸印、凹印、丝网印等。另外，包装的后期加工工艺也是种类繁多，采用不同的工艺会使具有同样设计的包装产品最终产生不同的视觉效果和性格。

第一节　包装视觉传达设计的原则

一、包装视觉传达设计的从属性

包装视觉传达设计的从属性主要表现在以下几个方面（图 4-2、图 4-3）：

1. 对包装内容物与功能的从属性。消费者购买商品时需要了解的是商品的内容与功能，包装的视觉传达设计首先要符合这些内容与功能的需要。这种功能决定形式，内容决定视觉语言的表达方式，是视觉传达最基本的原则。需要指出的是，视觉语言对内容和功能的从属性并不证明视觉语言完全处于被动的受支配的地位。在内容与功能允许的范围内，视觉语言的表达方式具有很大的灵活性。

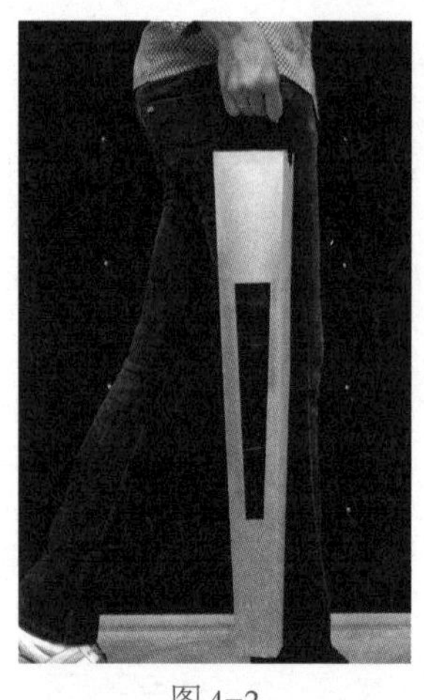

图 4-2

图 4-3

2. 对材料与工艺的从属性。产品的生产与设计，离不开材料与生产工艺这两个重要因素。而材料和工艺水平又直接影响到视觉信息的反映形式和水平。在设计、材料和工艺这三者之间，材料和工艺水平是设计的基础，设计则受到当代科技所提供材料和工艺水平的制约，不同的材料和加工方式所造成的直接后果是造型元素的多样化，从而也为视觉语言的丰富性提供了前提。但是设计的发展也可以反过来促进新材料的开发和工艺水平的提高。另外，视觉传达对材料与工艺的从属性，还体现在包装造型的结构变化上。

3. 视觉语言对经济的从属性。视觉传达的从属性还表现在经济的合理性上。在包装活动中，每增加一种视觉元素，就意味着在生产中多使用一些材料和多一道工序，因此也必然多一份费用的投入。可以说在设计图纸上无处不见到经济因素的存在。用最少的投入，得到最多的视觉传达效果，是设计师不断研究的课题。

包装视觉传达设计的从属性，实质上是界定了视觉语言的信息范围，界定了视觉传达的功能目的，界定了视觉传达的实现条件。因此，设计师在进行包装视觉传达的设计时，永远要以传达与商品有关的，并对消费者有实际意义的信息为原则。

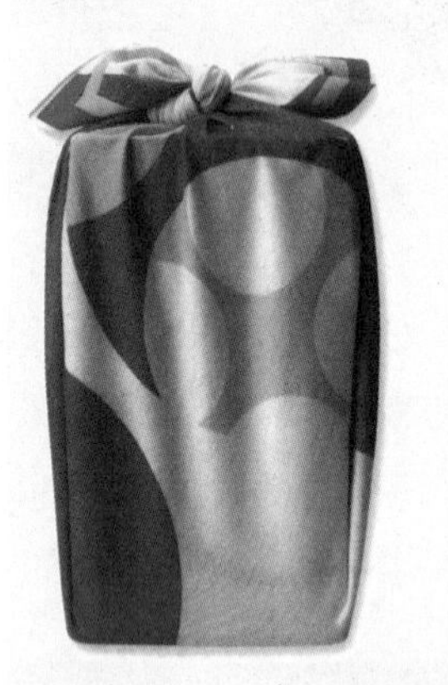

图 4-4

二、包装视觉传达的可视性

日本筑波大学工业设计学科主任教授吉冈道隆先生在查看《韦伯斯特第三国际字典》时发现，design 设计一词是由“de”和“sign”所组成, 意为“将计划表现为符号”。可见，可视性表达是包装视觉传达的最基本的原则。（图 4-4、图 4-5）

1. 商品信息的可视性

包装的视觉传达是依靠视觉信息符号来达到传达信息的，所以信息的可视性是视觉传达的基本条件。没有信息的可视性就谈不上信息的视觉传达。包装的视觉传达设计

图 4-5

就是通过包装上的商品名称、标识、使用说明等向消费者传递商品的信息，也通过文字、图形、色彩、编排的设计传达出商品的属性及个性，这些也是包装视觉传达设计最主要的目的。企业视包装为产品的代言人，这就要求设计师利用包装把商品内含的可视和不可视的信息，用视觉语言表达出来。

2. 情感促销的可视性

在激烈的商品竞争中，包装设计首先要使包装具有视觉吸引力，给消费者留下良好的视觉印象，这样才能进一步引起消费者的关注，激发他们对商品的情感和购买欲望，从而引导购买行为，以促进商品的销售。情感，在心理学中指同感觉相联系的情绪体验。人的情感变化与外界事物对感官刺激的强度、性质、次数有关，同时也与人的生活经验、对事物的立场和观点、个性与修养有关。包装的视觉传达设计正是利用可视信息符号，达到传达情感信息、促进销售的目的。

3. 工艺质量的可视性

包装视觉传达的可视性一方面离不开印刷制作和工艺加工来最终实现；另一方面，包装工艺质量的可视性同样影响着包装的品质。包装的印刷和加工工艺比较复杂，因为包装的种类、形态很多，而针对不同材质特点的印刷工艺也不尽相同，不仅有胶印，还有凸印、凹印、丝网印等，加上后期繁多的加工工艺，会使具有同样设计的包装成品最终产生不同的视觉效果和性格。

4. 联觉现象与可视性

人的感官联觉现象是实现视觉可视性的生理基础。因为事物的同一属性可以从不同的角度同时刺激几种感官，所以，人得到的外部信息和所积累的视觉经验，大多也是由多种感官综合的体验而得到的。在人的大脑里，这些信息印象也是互有联系、互相依托的，往往一种感官的刺激会引起另一种感觉神经的兴奋，出现了信息的转移。例如，包装色彩设计中所谓的“色彩的味觉”所揭示的视觉与味觉的联觉关系。选择和利用视觉元素以把消费者和商品的不可视信息，在联觉现象的帮助下表现出来，这就要求设计师在形式与内容的关系上，充分理解它们之间的内在联系，充分认识视觉元素的组合关系与事物的变化规律的有机联系。

三、包装视觉传达的可读性

包装视觉语言的可视性固然重要，但仅可视而不可读，那么，视觉传达的任务就没有最后完成。美国实用主义哲学家从符号自身的逻辑结构研究出发，提出“任一符号都是由媒介、指涉对象和解释这三种要素构成”。因此，包装视觉传达必然包含视觉符号的表象、指示和象征的可读性才有意义。(图 4-6、图 4-7)

图 4-6

图 4-7

1. 包装信息的识认与可读

包装视觉传达的可读性，首先表现在视觉语言要让人识得出、看得懂。包装视觉信息符号不能似是而非、含混不清；视觉语言也不能盲而无物、词不达意。所以，根据各种信息选择正确适当的视觉符号是十分重要的。确定信息符号时，应该考虑是用具象形式表达准确，还是用抽象的形式表达准确；是用形态表达合适，还是用色彩表达合适；是用点表达好，还是用线表达好等。视觉信息符号的可读性关键还在于信息组织上的逻辑性，如果形态个性模糊、色彩肮脏、肌理不明或信息符号排列分散零乱、前后矛盾，那么这样的视觉信息就无法识别，视觉语言也就不具备可读性了。

包装视觉语言首先要让人识得出，这是保证包装视觉传达成功的第一步；其次是要让人看得懂，这是信息能够被人接受的关键。视知觉对不理解的信息一概拒之门外，形成不了信息的交流。视觉信息要让人看得懂，必须和视觉经验相联系，必须考虑信息接收对象的理解和接收能力。在视觉语言上，多用肯定明确的信息符号，不用晦涩难懂的语言。

2. 信息的传达与速度

包装信息传达的快与慢，直接关系到消费者购买和使用。包装视觉信息传达的速度，即视知觉接受包装视觉信息的速度，与视知觉对包装视觉语言读得快慢有重要的关系。进一步讲，它与包装的语义是否准确、简洁、有序有重要关系。

决定包装视觉信息传达速度的因素主要有以下几个方面：

视觉生理的因素。即包装视觉元素对视知觉的刺激，是否符合视力、视角、视距及视觉信息容量以及反光的适应性等科学规律。

视觉心理的因素。即包装是否充分考虑到视觉经验、视觉联想对视觉语言的识别、语义的理解所起的作用。

包装视觉语言自身的逻辑是否符合视觉习惯，是否满足视觉流程对舒适与流畅的需求。

图 4-8

四、包装视觉传达设计的情感性

1. 情感与创意

包装视觉传达虽然强调信息传达的功能性，但也绝不是板着面孔去说教。在信息传递的同时它还要给人以情感上的感染与满足。所以，包装视觉传达的情感性原则是视觉语言的精神功能的体现。

图 4-9

在包装视觉传达情感性的构思中，创意是至关紧要的。创意是设计师根据信息的内容和主题，进行富有想象力的构思过程。有了好的创意，就会使视觉语言鲜明生动、精彩奇妙，给人留下深刻的印象。要想有出色的创意，必须先对信息有深刻的理解，然后运用丰富的联想和对信息与媒介做出正确的定位。

总之，包装视觉传达的情感性可以激发人们更多的联想，可以大大提高包装设计的感染力。成功的情感性传达离不开独特的创造性，没有创造性的视觉形式，也就失去了感人的力量。每一个新的创意都应有新的思路、新的形式、新的意境、新的审美价值，因循守旧、千篇一律甚至模仿抄袭是视觉传达的大忌。（图 4-8、图 4-9）

2. 情感与形式

成功的创意离不开形象思维和想象，视觉传达的情感性尤其需要借助形象思维达到情与形的结合。以形式为诱导因素，通过视觉语言的“情感设计”，赋予包装丰富的感情色彩和浓郁的人情味，从而以情动人唤起人们对真善美的追求。

形式既是视觉的对象，信息的载体，又是感情的媒介。在创意的过程中，形象思维可以帮助设计师产生鲜明、生动、直观的视觉符号和视觉语言。可以说，形式是保证创意视觉化的条件，情感性的创意需要通过能够激发情感的形式来完成。

情感是感情的升华，它是在生理性的基础上产生的心理活动。人们在与客观世界的接触中有感而生情。例如，人们依靠感官经验可以对色彩和肌理产生喜爱或厌恶的心理情感，是人们在心理活动中的高层次的反映，是与人们的世界观、价值观、人生观紧密联系的。例如，崇高、荣誉等情感是基于人们对事物本质的认识而产生的。这类情感的视觉语言主要是依靠象征性的手法来传达。（图 4-10、 图 4-11）

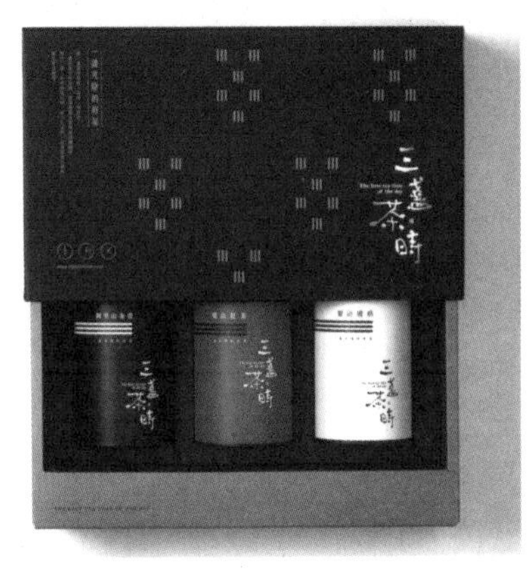

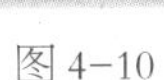

图 4-10

图 4-11

包装视觉传达的情感性，就是利用视觉语言和视觉形象传达良好的信息，调动情感，亲切自然地表现主题。我们可以从大自然和人类社会文化生活中去汲取营养，启发灵感；也可以从人们的价值观和人生观中去发现真、善、美的本质，从中提炼出美好的情感性视觉语言，并融入我们的设计中。设计师创造的必须是美的信息，因为信息的接受者是具有丰富情感的人，设计师只有牢牢地记住这一点，才能真正满足包装视觉传达情感性的要求。

第二节　包装的视觉传达设计要素

我们通常把包装视觉传达设计的基本要素概括地分为信息要素和形象要素两方面。信息要素主要包括标志信息、品牌信息、产品信息、出产者信息，形象要素主要由文字形象、图形形象、色彩形象和编排形象这四个要素构成。所有的信息通过包装文案设计成为包装形象设计的基础，最终体现在包装设计的形象中。

一、包装的文字设计要素

包装中的文字作为一种主要的表意符号，是人类进行信息交流的媒介，是向消费者传达商品信息、进行情感沟通的重要工具，消费者也正是凭借着文字去正确认识、理解商品内容。包装设计中可以没有图形，但不能没有文字。优秀的包装设计无不在文字设计方面追求尽善尽美，这其中也不乏以精心字体形象设计取胜而魅力十足的包装设计作品。（图 4-12 至图 4-16）

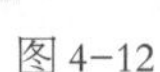

图 4-12

图 4-13

图 4-14

图 4-15

图 4-16　王曼婷作品

1. 包装文字的构成

根据文字在包装中的功能，可以将包装中的文字分为三个主要部分。

（1）品牌文字：主要包括品牌名称、商品品名、企业标识名称和厂名。这些文字是代表产品形象的文字，是包装设计中主要的视觉表现要素之一，一般要求精心设计、具有性格，常被安排在包装的主展示面上，其中生产者名称也可以安排在侧面。

（2）宣传性文字：是宣传商品特色的促销性宣传口号，也就是包装上的广告语。其内容应诚实、简洁、生动，并遵守相关的行业法规，如《广告法》《反不正当竞争法》等。广告宣传性文字一般也被安排在主要展示面上，字体与编排较灵活，但视觉表现力度不应超过品牌名称，以免喧宾夺主。另外，这类文字在包装上可有可无，应根据产品销售宣传策划酌情使用。

（3）说明文字：说明文字是对商品涉及的信息做出详细说明的文字。这些说明文字不仅是由企业和设计者决定的，还有相关的、严格的行业标准和规定，具有强制性。说明文字的内容主要有：功能效用、使用与保养方法、成分、重量、体积、型号、规格、批号、标准号、生产日期、保质期、生产厂址等信息以及保养方法和注意事项等。说明文字主要体现了商品的功能，因此文字通常采用可读性强的印刷字体，安排的位置主要在包装的背面或侧面，或根据包装的结构特点安排在次要位置，也有专页的印刷品说明附于包装内部的做法。

2. 品牌字体设计的要点

包装字体形象的设计主要体现在品牌字体的设计上，为了使品牌形象有个性、醒目，给人留下强烈的印象和具有吸引力，品牌字体通常在印刷字体的结构特征上，进行装饰、加工、变化，并根据包装对象的内容，

加强文字的内在含义和表现力，从而使品牌字体风格变化多样、生动活泼、性格鲜明。（图 4-17 至图 4-19）

图 4-17

图 4-18

图 4-19

（1）保证可读性：品牌文字在包装中的主要作用是准确地表达商品信息，以便于消费者对商品的识别和选择。不论对品牌字体做怎样的设计与变化，多么追求个性，都是要遵守视觉传达的可读性原则，否则就根本起不到与消费者沟通的作用。因此，我们在品牌字体设计时，为保证文字的可读性，在保持字体本身书写规律的同时，尽量将形象变化较大的部分安排在副笔画上，从而使商品包装文字形象更加鲜明、简洁，具备强烈的视觉效果以达到最佳的宣传力度。

（2）结合商品特性：不同的商品有着不同的特性，包装上使用的品牌字体的目的是加强商品的形象力，突出商品的性格特征，因此品牌字体的设计应该从商品的内容出发，选择合适风格的字体进行变化，使其视觉特征符商品内容的属性特征，体现出商品的品位和特色，也就是要做到形式与内容的统一。许多高档化妆品都以品牌字体形象为主要视觉表现要素，这时字体的品位和设计特色就代表了商品本身的特点，所以，不但应考虑使用庄重典雅并具有时尚感的字体，还要合理安排字体的间距和编排，使其具有明亮的字体灰度及色彩，以配合商品本身的特性。

（3）组合字体的和谐统一：一般来说，不论是中文，还是拉丁文的品牌字体都是由几个字符共同组成的，单一字符品牌很少。因此，几个字组合排列在一起才共同构成品牌的形象，字与字之间造型手法的统一性就显得非常重要，尤其是文字配置的关系，要经过视觉调整，取得平衡的空间与和谐的结构，否则就会显得杂乱无章，缺乏整体感，从而影响到品牌整体形象的表现力。

（4）体现民族文化特色：中外文字都有几千年的演变历史，有着丰富的字体风格和民族文化特色，尤其在我们中国，文字的书写更发展成为书法艺术，进而成为中华民族审美文化的一个象征性艺术表现形式。作者通过书法创作，抒发自己的情感，也使书法字体本身具备了多种多样的性格特征。通常在设计传统商品和民族特色商品的包装时，以书法形象为主要设计要素是一个明智和准确的表现方法。另外，拉丁文体同样也有利用传统字体的特色或创作的手写体表现商品的文化特色的特点，成为我们今天的品牌字体设计丰富的参考资料。

3. 品牌字体设计的变化

（1）外形变化：常见的字体一般局限于方形、长方形、扁方形、三角形、菱形、梯形中。在设计新的字体时，通过改变字的外部结构特征，把外形拉长、压扁、倾斜、弯曲、立体化等变化强调其特点，使其特征更加鲜明。

这种变化应把握适度，一些复杂的外形或与字本身外形相去甚远的形状应慎重使用，以免影响可读性。

（2）笔画变化：不同的基础字体也有不同的笔画特征，一般的字体笔画，虽然各具风格，但都比较均衡统一。因此，在设计时，为了强调某种特点或感觉，可以在字体笔画上作些处理。品牌字体的笔形变化相对于基础字体而言更加自由多样，但应注意变化的统一协调性以及保持主笔画的基本绘写规律，否则会因过度变化而使字体设计失去意义。（图 4-20、图 4-21）

图 4-20

图 4-21

（3）结构变化：基础字体的结构空间通常疏密布局均匀，重心统一，并且一般被安排在视觉中心的位置。为打破基本字体已形成的条理、规范和均衡的定式，突出创意，可以有意识地通过移动部分笔画常见的结构位置，改变字体笔画间的疏密关系，对部分笔画进行夸大、缩小以及改变字的重心来处理，使字体显得新颖别致。对结构的变化设计也应注意其统一性，否则会显得杂乱。

图 4-22

（4）排列变化：大多数品牌都是由几个字或字母组合而成的，基础字体的排列是很规整的，打破这种规整的排列，重新安排排列秩序也是一种变化手法。另外，重新设计字符的间距，改变文字大小的合理组合，也可以使品牌字体具有新的视觉特征。字体的排列变化应考虑到人的阅读习惯，避免产生读序的差错。另外，拉丁字体由于字母宽度不等，而且也没有竖排的阅读习惯，因而不适合作垂直排列。（图 4-22）

4. 包装中说明文字的应用

包装中的说明文字为了保证高效率的信息传达，注重可读性，通常采用基本印刷字体。但是不同的印刷字体以及不同的编排方式，都会造成不同的风格特点，所以在应用时如果不慎重，往往会因小失大，破坏整个设计的风格特征。

每一种字体所产生的年代都不尽相同，结构特点和笔形特征也有所差别，因此每种字体都有其自身的风格特点，选择什么样性格和阅读效率的字体，都应考虑到商品本身的特征，注意与其他设计要素之间的协调关系，注意说明文字的编排，其字体应遵循易于识别的原则。另外，字体种类在一件作品中也不易太多，否则会造成烦琐、杂乱的视觉感，又不利于突出商品的特性。（图 4-23）

图 4-23

二、包装的图形设计要素

包装设计中的图形主要有两个作用，传达与印象。就是利用图形在视觉传达方面的直观性、有效性、生动性和丰富的表现力，将商品的内容和信息传达给消费者。凭借图形在视觉上的吸引力引起消费者的心理反应，进而引导购买行为。包装设计图形的表现形式非常灵活多样，有摄影的图片，也有绘制的图画纹样，它们往往构成了包装整体形象的主要部分，使商品形象具有个性和审美品位，加强了商品的促销功能。（图4-24）

1. 包装图形的分类

（1）标志形象：标志是商品包装在流通与销售领域中的身份象征，它既是商品形象宣传的需要，也是现代市场规范化的产物。包装中的标志形象按照用途可区分为商标、企业标志、质量认证标志和行业符号几种类型。（图 4-25）

（2）产品形象：在包装上展现商品的形象，具有真实、直观、可信、信息传达快速准确的特点，是包装图形设计中常用的表现手法。通过摄影、写实插图或开“天窗”的手法，对产品进行美的视觉表现，使消费者能够从包装上直接了解商品的外形、材质、色彩和品质，从而产生强烈的视觉冲击力和说服力。（图 4-26）

（3）原材料形象：在包装上展现原材料的形象，有助于消费者对产品特色的了解。特别是产品中使用了与众不同的或具有特色的原材料，为了突出这一点，运用原材料形象，有助于突出商品的个性，吸引消费者。（图 4-27）

（4）产地信息形象：对于许多具有地方特色的商品而言，产地就成了产品品质的保证和象征。如欧洲一些葡萄酒产地出产的名酒，在包装上展示产地形象好像已经形成了一种习惯。（图 4-28）

（5）消费者形象：利用消费者形象反映使用对象的特点和环境，可以拉近商品同消费者之间的关系，产生亲切感，特别是那些不易用产品形象直接表达的商品，用消费者的形象，安排有助于消费者对商品特

图 4-24

图 4-25

图 4-26

图 4-27

图 4-28

性、性能、用途等整体形象的了解。（图 4-29）

（6）使用示意形象：根据商品的使用特点，在包装上展示商品使用的方法与程序，如压力喷雾结构、小家电、新产品等，帮助初次使用的消费者准确地使用商品，也有助于突出商品本身的特色。（图 4-30）

（7）象征形象：运用与商品内容无关的形象，以比喻、借喻、象征等表现手法，突出商品的性格和功效。在商品本身的形态不适合直观表现或没什么特点的情况下，这种表现方式可以增强产品包装的形象特征和趣味性。（图 4-31）

（8）装饰形象：利用抽象的图形或装饰纹样来增强包装设计的形式感，以使商品包装形象具备个性。比如，在传统商品、土特产品、文化用品的包装上装饰以传统图案、吉祥图案、民间图案等，可以有效地突出产品的文化特征和民族地域特征。在现代商品的包装上使用抽象图形则可以增强现代感和时尚气息。（图 4-32）

另外，有些包装画面以主体文字的变化为造型主体亦具有图形特点。

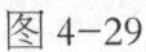
图 4-29

图 4-30

图 4-31

图 4-32

2. 包装图形的表现形式

图形的表现形式多种多样，总的来说，大致可将图形设计要素分为三种类型：具象图形、抽象图形和装饰图形（表 4-1）。具象图形是通过摄影、插画等手法表现出的直观、具体的客观形象。抽象图形表现手法自由、形式多样、肌理丰富、时代感强，给消费者创造了更多的联想空间。装饰图形则是对自然形态或对象进行的主观性的概括描绘，强调平面化、简洁，注意黑白的有机关系和韵律感以及表现上的规律性。（图 4-33 至图 4-43）

表 4-1 包装图形表现形式

类　型	表现形式	特　性
具象图形	摄影 插画 卡通	直观、准确、真实 艺术性、理想化、文化品位 可爱、生动、亲和力
抽象图形	无机图形 有机抽象图形 偶发抽象图形 抽象肌理	理性、简洁、秩序 自由、活泼、弹性 新颖、人性味 丰富、感性
装饰图形	创作装饰图形 传统和民族图案	个性、针对性 文化性、特色

图 4-33

图 4-34

图 4-35

图 4-36

图 4-37

图 4-38

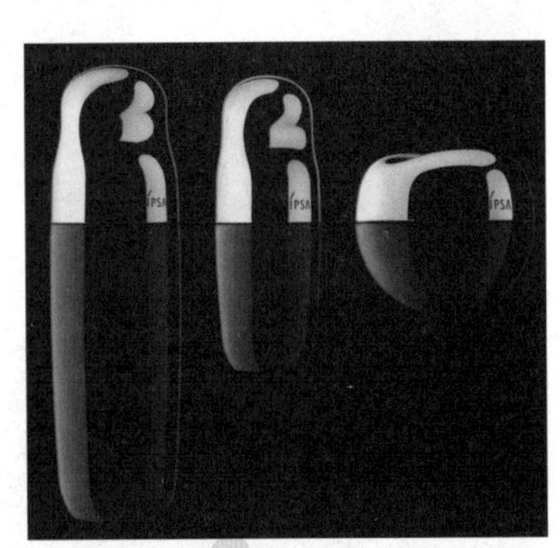

图 4-39

图 4-40

图 4-41

图 4-42

图 4-43

3. 图形设计的要点

（1）传达准确的商品信息：包装图形设计，首先必须真实准确地传达商品的信息。准确性并不是简单地描绘对象，而是有着更高的要求，一方面，表现在图形内容选择的正确性上，另一方面，表现在选择恰当的表现形式和手法上。

不同的图形具有不同的视觉感受和心理效应，都应注意有利于特定的信息力和鲜明、典型形象力的传达。只有抓住商品的典型特征，把商品的特征、品质、品牌形象、信息等能够清晰地通过视觉语言表述清楚，才能够准确地传达出商品信息。传统商品中使用传统图案是适合和准确的，在电子产品包装上应用传统纹样则是荒诞和不恰当的。

（2）加强独特的视觉感受：商品包装的信息传达要为人们所接受，一个重要的前提就是信息符号必须具有较强的冲击力，只有新颖独特、鲜明而富于创造性才能给消费者留下强烈的印象，从而更有效地传达出商品的信息。

在商业竞争进入个性化的时代，谁的包装设计具有崭新独特的视角和表现，具有个性化特征，谁就能在吸引消费者方面争得先机。对于如今的设计者而言，掌握更多的表现方法，更独特的思维方法和表现角度，以及更具时代感和前瞻性的观念，是包装设计具有个性和成功的关键。

（3）体现相应的文化审美：在信息社会里，包装设计在起到它商业作用的同时，也相应产生了它文化审美的效用。针对不同国家和地区的包装设计，由于民族习俗的不同，在图形的设计上应有所考虑。因为任何图形对于不同的消费对象都会产生不同的文化和审美感受，这是图形设计的特点，也反映了图形语言的局限性。只有认清这种局限性，才能使设计有针对性。比如日本人忌讳荷花、意大利人忌讳兰花、法国人忌讳黑桃等，这些特殊的民俗文化和审美习惯，要求我们在设计时不可随意发挥，避免不当的内容出现在包装上。

三、包装的色彩设计要素

色彩在包装设计中是最活跃、最敏感的形象要素。心理学家的实验证明，人的视觉在 1.5 分钟之内对画面可形成记忆，要在尽量短的时间内让消费者对商品形象引起关注并形成记忆，在视觉诸元素中，色彩扮演着举足轻重的作用。色彩极具视觉冲击力，同时又极易影响人的心理，唤起人们情感的反应与变化，增强包装的艺术感染力。在色彩设计中应依据产品、品牌、消费对象或某种精神理念的表现需要，同时考虑行销环境，同类设计的比较及有关企业识别方面的规范性而加以具体处理。因此，对色彩的完美应用是包装设计成功与否的关键因素。（图 4-44）

图 4-44

1. 色性与色彩基本感受

根据色彩的构成分析，任何色彩都是由色相、明度、纯度三种基本属性所决定的。色相是指能够区别各种颜色固有色调和相貌的名称，是区分色彩的主要依据，是色彩特征的主体因素。明度是色彩的明暗差别，即深浅层次差别。有些纯度高的颜色在视觉上不太好分辨其明度层次，这时，我们可以凭经验把它理解为用黑白拷贝的方法复制下来的黑白关系，然后把它放到明度层次中判断它属于哪一个层次。纯度是指色彩中以单种标准色为基准，其成分比例的多少，也就是颜色的鲜明程度。鲜艳的颜色纯度高，原色的纯度最高，纯色中加白或加黑的比率越大，色彩的纯度就越低。它们不但决定了颜色的基本性质，也会对消费者产生一系列的生理、心理感受。在设计中把握好这种感觉要素，可以使色彩设计产生一定的诱导力和影响力。(表 4-2)

表 4-2 色性与色彩基本感受

色彩属性分类		基本感受
色相	暖色系	温暖、活力、喜悦、甜熟、热性、积极、活动、华美
	中性色系	温和、安静、平凡、可爱
	冷色系	寒冷、消极、沉着、深远、理智、休息、幽静、素静
明度	高明度	轻快、明朗、清爽、单薄、软弱、优美、女性化
	中明度	平凡、无个性、附属性、随和、保守、失意
	低明度	厚重、阴暗、压抑、硬、迟钝、安定、个性、男性化
纯度	高纯度	鲜明、刺激、新鲜、活泼、积极性、热闹、有力量
	中纯度	日常的、中庸的、稳健、文雅
	低纯度	刺激、陈旧、寂寞、老成、消极性、无力量

2. 色调、调性与色彩的调配

每一种有彩色都可以同黑、白、灰色进行调配，任何有彩色之间也能相互调配，这种无限可能的色彩调配构成了色彩的丰富变化，它们之间构成的相互适应的关系所形成的总趋势，即是色调。色调不同，调性也会发生相应的变化，它所体现出的视觉感受也是千差万别的。（图 4-45、图 4-46）

图 4-45

图 4-46

不同的色调会产生不同的色彩视觉感受。单纯一块颜色在不与其他色块发生关系时，无所谓美与丑。色彩的美感不是孤立的，它存在于色彩间的相互对比与调和关系中，说到底色彩的美是色彩关系的协调统一的整体美。包装设计中的配色，主要是从商品本身的特征和包装的功能目的出发，在把握色彩色性与调性的基础上，运用色彩审美规律，传达出商品的性格特征和美感特征。色彩的调配是有一定规律可循的，不同的色彩调配效果，基本上都是由色彩的色相、明度、纯度这三个要素所决定的。

（1）以色相为主进行配色：色相是色彩的相貌名称和主体特征。以色相为主进行配色，通常是以色相环为依据进行的，按照色彩在色相环上所处的位置关系可以分成近似色、同类色、对比色和补色等关系类型。在色相环上两种颜色之间所成的角度越小，色彩的共性就越大，调性越强；反之，角度越大，色彩的差异性越强，当角度呈现最大 180° 时，颜色之间就呈补色关系。（图 4-47）

图 4-47

近似色的色彩差别小、对比弱，色调整体感很强，它会给人带来单纯柔和的美感。同类色虽然色彩之间有较明显的差别，但又具有明确的共同色素，构成的画面明快、活泼而又柔和统一。对比色则在色相上有较大的差别，反差强烈，在视觉上有鲜明、热烈、华丽的特征，处理不当很容易产生不谐调感。补色是在色相轮上通过直径相对的色彩，在印象派的绘画中，补色关系常被用来表现强烈的日光感。补色关系在视觉上有炫目、强烈、刺激的视觉效果。以色相为主进行配色，要根据设计的对象和内容进行合理搭配，利用面积的调整、对比的强弱以及结合明度、纯度的变化来进行设计，做到形式与内容的和谐统一。

（2）以明度为主进行配色：明度是指色彩的明暗、深浅、层次差别，它的调和关系构成了整体色彩的明暗色调感，也就是我们常说的高调与低调、明调与暗调。为了便于对色调的把握，我们通常把明度分为 9 个级别，并将其分为 3 个明度基调 :1 ～ 3 级是低调，具有沉着、厚重、沉闷的感觉；4 ～ 6 级为中调，具有柔和、稳重、典雅的感觉；7 ～ 9 级为亮调，具有明朗、华丽、欢快的感觉。（图 4-48、图 4-49）

图 4-48

图 4-49

明度对比的强弱取决于明度级别的跨度大小，一般情况下，相差 3 级以内的明度对比较弱，具有内向、朦胧、微妙的感觉。相差 4 ～ 6 级的明度对比适中，具有明确、清晰、开朗的感觉。相差跨度在 7 级以上的对比则强烈，具有刺激、活跃、明确的效果。

对于各种纯色来说，其本身就存在着明度上的差别，如黄色明度最高，蓝色、紫色等明度相对较暗。明度高的纯色要加上相当多的黑色才能达到低明度，而明度低的纯色加上少许黑色便会处于低明度，反之，加上相当多的白色才能显出高明度的特征。因此，在设计中把握色彩的色调时，应根据不同的色相特点灵活掌握。

（3）以纯度为主进行配色：纯度是指色彩中的纯色成分的多少，即饱和度、鲜艳度。我们也可以像对明度进行分析那样将纯色与同明度的灰色按等比例混合分成 9 个纯度等级，1 为灰，9 为最高纯度，纯度也可以分为 3 个基调。1 ～ 3 级为低纯度基调，有浑浊、茫然、软弱的感觉；4 ～ 6 级为中纯度基调，有温和、成熟、沉着的感觉；7 ～ 9 级为高纯度基调，可产生强烈、艳丽、活跃的感觉。（图 4-50、图 4-51）

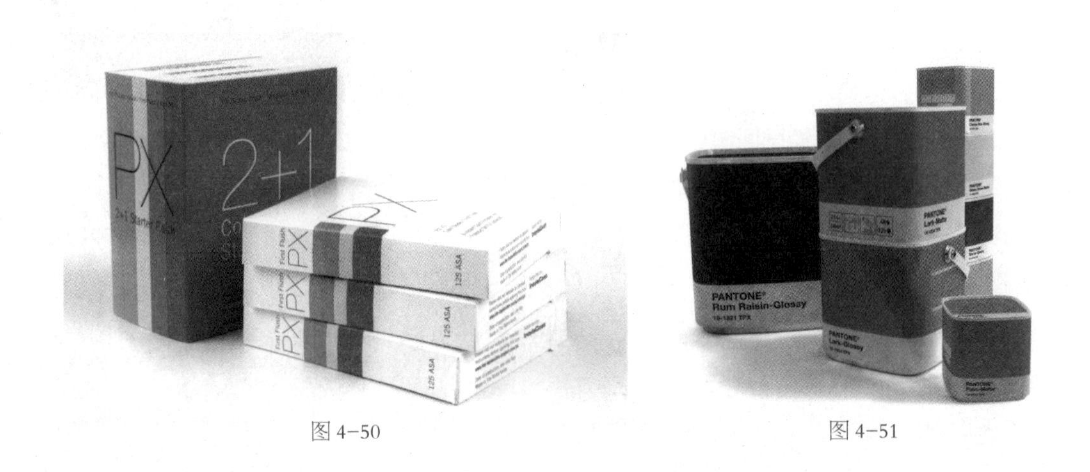

图 4-50　　　　图 4-51

纯度的对比取决于级别差异的大小，相差 1 ～ 3 级的为纯度弱对比，具有模糊、朦胧、整体的视觉效果。相差 4 ～ 6 级的为纯度中对比，具有清晰、稳定、明确的视觉效果。相差 7 级以上的为纯度强对比，具有强烈、坚定的视觉效果。

在实际色彩应用中，纯度高的色彩间进行搭配，由于强烈的色彩张力和刺激，容易使人的视觉感到紧张，产生厌倦情绪。但与不同纯度的色调搭配调和，在纯度上产生差异性和节奏感，则会产生含蓄、细腻、稳重的视觉效果，而且这种对比也有利于设计中主题的突出与醒目。

（4）配色的调和：在色彩的配色设计中，对比是一种常用的手法，通过对比使色彩的个性得到强调，使设计主题得到突出。但是同时，色彩之间的调和也是一种必不可少的因素，一味地强调对比会使色彩间失去协调感。（表 4-3）

在配色中如果使色相、明度、纯度三个要素中有一项或两项类似或接近，就可以得到调和的效果。另外也可以通过在对比的两色中间加入过渡色处理，以取得调和，这实际上也是一种寻求共性的设计安排。比如在黑与白中间加入灰调，在冷色与暖色间安排中性色调，以此来弱化尖锐的对比，使之趋向于柔和，这实际上也是人的视觉心理特征的需要。（图 4-52）

图 4-52

表 4-3 商品色彩参考表

商品类型	适合色	不适合色
医药品类	以白色、冷色系为主	黑
化妆品类	以中间色为主	明确色、强烈色
水果类	以暖色系为主	黑、白、青
食品类	以暖色系为主	墨、白、青
酒类	自然色	青
饮料	白色以外	白
电子类	以冷色为主、单纯的冷暖色	
杂货类	流行色	

3. 包装色彩设计的表现方法

根据商品和色彩语言的特性，包装设计中的色彩设计主要有下面三种表现方法。

（1）直接色彩表现法：是包装设计中最基本的表现形式。基本原则是“应物象形，随类赋彩”，自然状态下对象的固有色是最具代表性的色彩特征，它是我们对形象感知和深入了解的基本因素，这种借助商品自身固有色去表现商品形象的色彩运用又称商品形象色。如橘汁用橘黄色，葡萄酒用紫色，柠檬用黄绿色。糕点用暖黄色构成的包装画面能诱使人产生糕点之类的清香味。又如茶色、赭色构成的包装画面使人产生巧克力、咖啡之类的浓郁香味。直接色彩构成的客观性能迅速传递商品信息，使消费者很快地识别不同商品的类别与品种。（图 4-53）

图 4-53

（2）间接色彩表现法：它是一种创造某种情调氛围的配色法，也可以说是一种写意的表现方法。它不是直接反映客观事物的固有色以及同其有关联的形象，而是运用色彩的视觉心理，通过色彩联想、象征的语言，为商品包装着力渲染出一种情绪、一种气氛，给人以某种情感感觉、风度品格，以此揭示商品特性。这种色彩氛围通常是通过色调来实现的，但它比单纯的调性所含的内容要丰富，它更加注重的是整体环境气氛的渲染，并以此打动消费者。此法多用于无具体形象的商品与习惯性商品，如电器、医药、化妆品、香烟、服装等。渗透到人的精神领域，影响到人们的情感感受和行为。（图 4-54）

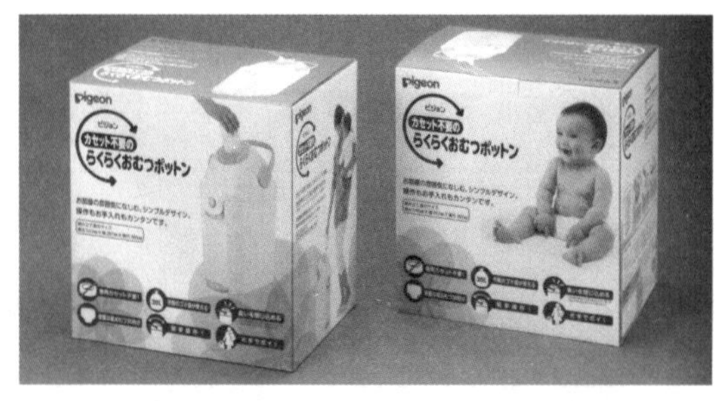

图 4-54

（3）臆想色彩表现法：臆想是主观臆造的思维活动，它是介于上述两种方法之间的一种既具象又抽象的色彩表现方法。它使现实中不可能或不存在的通过主观臆造而成为一种可能，是由形与色共同完成，也是对设计形象更生动的创造性说明。臆想所体现的是超自然的现象，由于它不受自然规律的限制，因此也就更加灵活自如，对色彩的运用就充分体现了这一点。它可以完全脱离开客观形象而重新创作出一种新的色彩秩序，也可将某些自然属性作新的意念组合，看起来可能怪诞离奇却是一种有效的视觉手段，它所带给人的就是我们反复强调的视觉冲击力和视觉新感受。臆想虽然有很大的随意性，但随意性并不等于无目的性，虽然它摆脱掉了客观事物的制约，并不能由此而失去整体的色彩关系。它打破了固有的色彩秩序而创作出了新的色彩秩序，也就是新的色彩关系的确立。（图 4-55）

图 4-55

4. 包装色彩设计的要点

（1）“图色”与“地色”：在设计中，画面上有的颜色是以图形的状态出现，有的则是以底色或背景色的状态出现的。一般来讲，鲜艳的颜色要比灰暗的颜色更具有图形效果，齐整的色彩形状和小面积的颜色要比大面积的颜色更具有图形效果，因此在包装色彩设计时，要注意对主题部分强调色的运用，将高纯度、高明度对比用于品牌文字、图形形象等主体表现要素当中，这样可以有效地突出主题和良好的品牌形象。（图 4-56、图 4-57）

图 4-56

图 4-57

（2）“大统一、小对比”的用色原则：一件包装的形象给消费者的最初视觉感受取决于整体色彩的色调，在画面中占据最大面积的颜色的性质决定了整体色彩的特性。依照调和的配色方法，就可以得到不同的色调效果。但是，一味强调整体色调的统一，会使画面缺少生机和活力。运用小面积的与主体色调相对比的色彩，则可以使画面活跃，这种对比也可以使设计主题得到加强。活跃的色彩往往被安排于品牌和主体形象等重要位置，使它们在整体色调统一的基础上得到突出。（图 4-58、图 4-59）

图 4-58　　图 4-59

（3）依据商品的属性：长期的生活体验，使得包装的色彩与商品之间自然形成了一种内在的联系，每一类别的商品在消费者的印象中都有着较为固定的“概念色”“形象色”“惯用色”“象征色”。人们凭借包装色彩对商品性质进行判断的视觉特征，是由于人们长期的感性积累，并由感性上升为理性而形成的特定概念，它成为人们判断商品性质的一个信号，因而它对包装的色彩设计产生着重要的影响。色彩在不同类别的商品中形成的象征概念也有差别。比如，一些食品包装中经常用到的味觉十足的色彩在药品包装中则有不同的象征性。有些常用商品形象色，一般不能违反，否则会影响商品销售。（图 4-60、图 4-61）

图 4−60　　图 4−61

（4）参照企业形象战略和营销策略：在产品包装设计中，为了突出企业形象，提升产品的附加值和识别度，以企业的色彩识别元素进行设计，以使不同种类的产品包装具有统一、标准、规范的色彩传达，具备共同的识别特征，从而树立企业的良好形象，使产品具有了可信度和品质感。

在激烈的市场竞争中，良好的营销策略往往会起到出奇制胜的效果。企业通常会根据不同的市场营销计划来制定不同的包装策略，如包装系列化策略、包装等级化策略、配套销售包装策略、礼品馈赠包装策略、绿色环保策略等，包装设计中的色彩设计应配合具体的包装策略来进行设计，以保证营销策略的成功实施。（图 4-62、图 4-63）

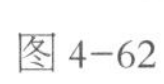
图 4−62　　图 4−63

（5）根据销售地区的特点：不同的国家和地区，不同的民族等不同的目标市场，由于民族、风俗、习惯、宗教、喜好的原因，对色彩也有着不同的理解，设计师应根据不同地域的市场特性来进行色彩设计，要尊重他们对色彩的爱好和禁忌。比如：英国人不喜欢黄色；瑞典人和埃及人不爱用蓝色；在拉美国家，人们把紫色同死亡联系在一起；非洲有些国家，如尼日利亚、多哥等国认为红色表示巫术、魔鬼和死亡。由于各国以及各民族存在的特殊爱好和禁忌，这就要求我们在设计时不可随心所欲，而应避其所忌，符合当地人们的色彩审美习惯。（图 4-64、图 4-65）

图 4-64

图 4-65

四、包装的编排构成设计要素

包装设计的图形、文字、色彩、材料肌理都具有自身独立的表现力和形式规律。包装的版面编排设计的目的就是要将这些不同的形式要素纳入整体的秩序当中，形成一种和谐统一的秩序感和表现力，这样才能有效地表现包装的整体形象特征。否则即使有好的字体、图形或色彩，但由于它们之间缺乏谐调的配合，也会显得杂乱无章，削弱了视觉语言的表现力和视觉传达的明确性。

包装编排设计的基本要求是根据内容物的属性、文字本身的主次，从整体出发把握编排重点。所谓重点，不一定是指某一局部，也可以是编排整体形象的一种趋势或特色。（图 4-66）

图 4-66

1. 包装编排构成设计的要点

（1）良好的视觉流程 ：是把商品包装中需要传达的

信息，依据主次、轻重，通过极具逻辑性的视觉流程设计，引导观者的视线按照设计者的意图去感觉，以最合理的顺序、最快捷的途径、最有效的感知方式获取最佳印象，使观者产生积极的心理诉求和欲望，以实现信息传达和说服的效力，这是对包装视觉传达的最基本的要求。

（2）形式表现的整体统一：在编排设计中，我们要强调的是文字、色彩、图形、肌理各要素之间的统一和谐关系，这种关系就体现在其内部编排结构的关系与秩序当中。其核心是使设计要素成为一个具有一种基本表现趋势的和谐整体，进而支配局部和对局部间相互联系的处理，任何一部分要素编排的不和谐，都会使整体的艺术表现受到破坏和影响。

（3）针对性的个性化创造：包装就是商品的外在形象，它的风格应取决于商品的性格特征，如古朴、时尚、柔和、强烈、奔放、典雅等。不论以视觉形象为主进行表现，还是以包装造型和结构为主进行创造，都应针对消费者的审美喜好，结合商品的品性，运用合理的内在秩序使各要素相互配合，以产生包装形象的个性化特征。在企业的竞争早已进入个性化的时代，包装策略已由过去的“美化商品”演变为“彰显个性”。顺应时代的发展潮流也是包装设计成功的关键因素之一。

（4）时尚简约：体现时代感，突出视觉形象个性的简约化设计是现代包装设计发展趋势的主要特征之一。简洁的表现语言不但能够有效地突显设计的个性，给人以强烈的视觉印象，也更加符合信息时代视觉传达设计的要求。简约化设计有几个主要的特征：一是简洁的色彩，通过色彩表现品牌的形象特征；二是简洁的图形，这种简洁性体现在表现的单纯与强烈的目的性上。不论是采用商品的摄影图片还是设计抽象图形，都应以突出商品的内容与特征为主要目的；三是个性化的文字品牌形象，它通常构成了整个包装设计的视觉中心；四是个性化的肌理特征，使得设计在简洁中不简单，具备细腻丰富的表现力。（图 4-67 至图 4-70）

图 4-67

图 4-68　曾煜苹作品

图 4-69

图 4-70

2. 编排构成设计的表现方法

编排设计的表现方法很多，可以说是变化无穷。但从编排特征上，主要有以下一些表现形式：

（1）对称式：在包装编排设计中，对称式是以中轴线为中心进行设计。左右对称的形式在视觉中具有稳重、大方、典雅之感。但处理不当，会因过于对称而略显呆板，应注意文字和色彩的个性变化以及局部的变化。

（2）均衡式：均衡并非简单理性的等量不等形的视觉计算，而是布局、重心、对比等多种形式原理创造性的全面应用。在编排设计中通过把握各要素之间的平衡关系，才能取得视觉上的稳定感。

（3）对比式：对比是设计要素中很重要的一种表现手法，它决定着形象力的强弱和画面的均衡关系。在编排设计中，大与小、间与繁、深与浅等的对比关系都是非常重要的对比关系。

（4）分割式 ：分割是指视觉要素对画面进行空间、位置、形状、面积的明确安排，它可以使画面呈现出明显的秩序感。分割有几何分割、均等分割、对比分割、渐变分割、自由分割等多种方式。分割设计应注意局部视觉语言的细节变化，在和谐统一中不失生动与丰富。

（5）中心式 ：这种编排方法通常是将商品的主体形象安排在画面的视觉中心点，周围则留以大面积的空白，以使商品形象得到强调。它具有醒目、简洁、高雅的视觉风格。

（6）边框式：可以自由移动的造型一旦被纳入围框，就会产生一种稳定感。边框所具有的性质等于创造出了一个安稳的场所，使用边框可以营造典雅稳重的视觉效果，但应注意边框的风格与变化，以免造成刻板的效果。

（7）重复式：利用构成中的连续表现手法，使同一视觉要素或单元反复排列。其效果统一、视觉强烈、秩序感强。在重复设计时，可以利用局部进行多种重复构成方式，以增强视觉特征和丰富感。包装纸的设计就是运用典型的重复手法。

（8）疏密式：它通过造型要素在空间中的聚合与分散，产生节奏韵律感，轻松自由，变化的余地较大。编排上的大面积留白是一种特殊的疏密，常作为一种意象，让人产生诸多的联想和感受，从而意趣横生。

（9）穿插式：是使文字、图形以及色块等要素相互穿插、交织、结合的一种表现方法。它通常能有效地突出主题，在视觉上变化丰富，但应注意主次关系以及相互协调，以免杂乱。

（10）自由式：是指通过对视觉要素进行看似较为随意和自由，实则精心的编排处理形式。其特点时尚、前卫、生动而有趣。自由编排的形式虽然有时会影响到可读性，但却能造成独特的视觉效果，是一种追求现代感的表现手法。

除图形形象、色彩形象、字体形象、构成形象外，包装材料及工艺处理的各种光泽、色泽、肌理、凹凸变化也形成了包装形象的视觉感染。此外，一些礼品包装的结扎、吊挂等附加装饰处理，对丰富形象亦富有表现效果。（图 4-71 至图 4-75）

图 4-71　　图 4-72

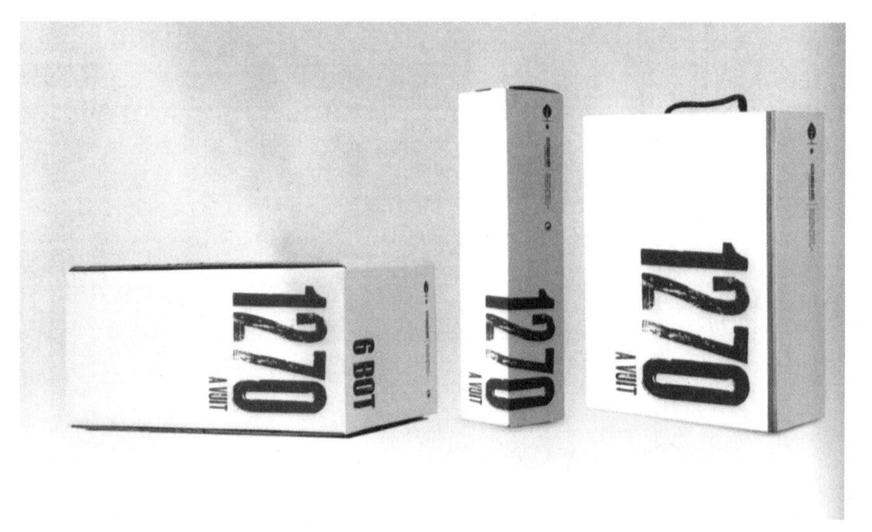

图 4-73

GREEK
EXTRA
VIRGIN
OLIVE
OIL
GREEK
EXTRA
VIRGIN
OLIVE
OIL

图 4–74

ARISTON
400g
8%
rice bran oil
0%
trans fat
100%
ΦΥΤΙΚΑ
ΕΛΑΙΑ
για μαγειρική,
με φυσικά
αντιοξειδωτικά

IDEAL FOR COOKING AND BAKING
0% trans fat
8% rice bran oil
100%
PURE
VEGETABLE
OILS FOR
COOKING
with natural
antioxidants

ARISTON
SINCE 1963
5%
butter
VEGETABLE COOKING PRODUCT WITH BUTTER
ΦΥΤΙΚΟ ΜΑΓΕΙΡΙΚΟ ΠΡΟΪΟΝ ΜΕ ΒΟΥΤΥΡΟ ΓΑΛΑΚΤΟΣ

ARISTON
Nutrition Facts
KAMILARIS S.A.
400 g

图 4–75

第五章　包装整体性设计

从单体的包装设计走向包装的系列化，进而归纳到品牌识别 (Brand Identity)，再扩展、深入到企业识别系统（Corporate Identity System）。这一过程既是包装走向整体性设计的标志，又是工业社会转向信息社会的佐证。整体性设计实质就是把设计对象作为物理认识和精神感受的统一体来对待。在这个统一体中，各部分、各侧面都有机地组合在一起。(图 5-1、 图 5-2)

图 5-1

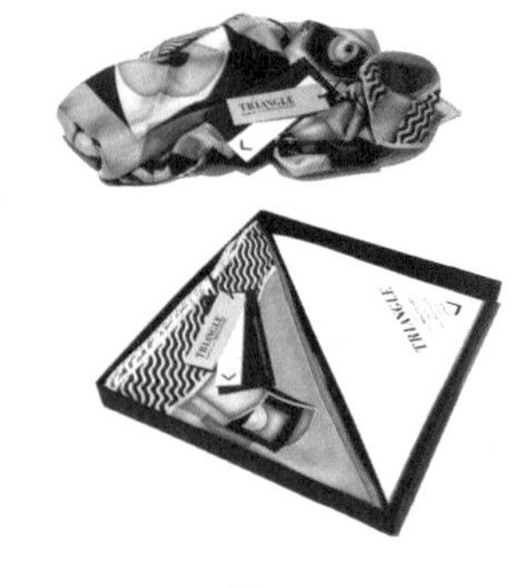

图 5-2

第一节　系列化包装

现代包装设计出于产品开发、市场营销与竞争、消费者使用方便、宣传企业形象等因素的需要，正越来越多地以系列设计的“整体大于局部之和”形式出现，也使设计师将设计思路从过去侧重于艺术表现转到研究信息传播和视觉接受的关系上。

一、系列化包装设计的概念

系列化包装又被称为家族包装。系列化包装早在 20 世纪初就已经出现，是指“针对企业的全部产品，以商标为中心，在形象、色彩、图案和文字等方面采取共同性的设计，使之与竞争企业的商品容易识别”（《日本包装用语辞典》），形成一个家族体系。它的优点是使商品看上去既有统一的整体性，又有变化的多样性和良好的陈列效果。由于几种视觉元素在商品系列中的反复出现，重复强化，体现出一种“群体的规范化风貌”，它往往给人的印象深刻而强烈，容易识别和记忆，从而达到促进销售的根本目的，是一种吸引顾客和促进销售的强有力的手段。系列化已成为当今包装设计的一个主流化特征，在商品销售市场中占有一个绝对的比例。（图 5-3）

图 5-3

二、系列化包装设计的形式

系列化包装有多种形式，具体如下：

1. 同一种商品不同规格的系列

同一种商品内外包装一致，它的中包装与小包装的文字、图形、色彩、构成完全相同，但规格不同，容量不同，表现为大、中、小系列，以适应消费者用量的需求。这类包装设计的配套处理较为单纯，但要注意到同一方案伸缩后呈现的视觉效果，确保良好的视觉传达。（图 5-4）

图 5-4

2. 同一种商品不同成分系列

同一种类的商品，根据消费者的不同需要，所含成分往往是有所不同的。此类设计多体现在食品和化妆品中。如雀巢系列婴儿米粉，就是由不同营养成分组合而成。（图 5-5）

图 5-5

3. 同一种商品包装形式不同的系列

同一种商品的中包装与小包装形式、材料不同，但包装形式上的色彩、图形、文字采用统一形式设计。这一类设计因内外包装材料、造型不一致，最好在设计时将内外包装同时进行构思与制作，以达到高度的和谐统一。（图 5-6）

图 5-6

4. 同类商品造型不同的系列

同一大类中的不同用途的商品，包装的图形、文字、色彩采用整体风格一致的处理，只是造型不同。如化妆品类的香水、护肤品、粉底、眉笔、唇膏等。这类设计要达到系列感除了要注意图形、色彩、文字的统一处理外，包装造型处理的内在联系也是非常重要的。（图 5-7）

图 5-7

5. 同类商品样式相同色彩不同的系列

同类商品造型、图形、文字排列相同，只将包装色彩加以变化。这种系列手法的使用十分普遍，在设计中掌握好商品品位、特质与微妙的内在因素，处理好色彩的对比与调和关系，是色彩变换的重要条件。（图 5-8）

6. 同类商品图形变化的系列

同类商品，品名、文字、色调、造型不变，只有主画面的图形和位置发生变化。这种系列设计的重点，

是要处理好彩色摄影与底色等因素的相互协调关系，并且在成套的商品摄影之间也要产生互相联系。（图5-9）

7. 同一品牌商品成套组合系列

同一品牌不同类别相关商品进行配套设计，如3M 公司的 DIY 系列产品。这种系列设计由于数件商品属同类同牌号，在单位产品造型、材料、色彩与包装中体现为统一风格，因此外包装的设计只要在这些因素中保持一致，就较易取得系列感。（图 5-10）

8. 同一品牌商品的整体化设计

同一企业同一品牌的全部不同商品形成的统一风格，这一结果的取得取决于在产品开发阶段就必须对产品设计、包装形态、材料与视觉传达设计设定清晰、完整的配套方案，并按照方案的整体构想去实施具体每一件包装的设计效果。此类商品的包装中，既要有共性，又要有个性，使之在整体中具有变化，否则就不能吸引消费者的注意。（图 5-11）

三、系列化包装设计的作用

1. 从企业的角度：系列化包装强化了品牌，提高了企业的知名度，有利于产品的开发和拓展。成功的系列化包装能为企业加大品牌的宣传力度，树立起良好企业的信誉和名牌产品观念，隐含着企业强大完善的产品实力，对产品产生信任感，以此来带动一批产品的生产和销售。再者，对商品的品类进行系列化的包装，还有利于企业不断开发新的商品，满足更大的市场需求，对新增商品包装也可以起到节省时间和设计费用的作用。

2. 从商家的角度：系列化包装具有良好的整体性传达和陈列效果。系列化包装由于强化了设计的整体性，使商品具有了家族式的类似感，因此，所产生的视觉效果会分外统一协调，鲜明有力，更加突出了商品的特征。系列化包装反映了消费者对于和谐统一、格调一致整体美的追求，而系列化包装也正好体现了这一点，迎合了消费者的心理。在商品销售中，系列化包装总是成组、成套的出现，在展示和陈列上

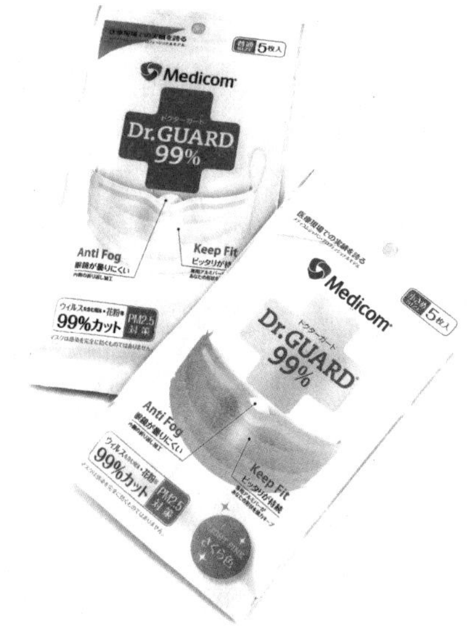

图 5-8

图 5-9

图 5-10

图 5-11

具有大面积的展示空间，能形成强有力的视觉冲击力，压倒其他商品。在商场中化妆品专柜的陈列最为典型，因都是成套的出现，个性鲜明，所以很容易吸引消费者的注意。

3. 从消费者的角度：系列化包装能符合消费者更多物质与审美的需求。不同的消费者，在不同的时间和空间环境下，对商品的要求是有差异的。系列化包装正是满足了消费者这种多样化的需求，为他们提供了更多的商品选择的机会，也从另一个方面体现出系列包装的人性化关怀。

第二节　包装与企业形象系统设计

包装设计在科学思想空前繁荣的 20 世纪也有了很大的发展。

起先，设计师和制造商把包装的系列化作为一种视觉的重复强化刺激来看待，而消费者却乐于接受。因为这种重复，实际上减轻了他们的视觉负担，如果没有这种重复，他们视觉接收的信息将更加五花八门。这样，一方面是推销者强化了他们的商品形象；另一方面，消费者在减少视觉疲劳的同时，也便于接受商品信息，这是一件两全其美的事。

进而，用单一的品牌来统帅全部商品的尝试也就开始出现了。这就是整体化的品牌识别 (Brand Identity)。品牌识别将系列化的范围扩大到以同一品牌来规范本企业出品的各种产品。在视觉设计上，它必须得有一个能让各种产品都能接受的统一符号。它能在所有的产品上起到统帅作用，使过去五花八门的包装有了一个起统帅作用的视觉符号，既能强化这些产品的视觉功效，又得小心翼翼地帮助解释各种商品的信息内容，使商品的信息价值具有了前所未有的传播力。

再者，“二战”后消费品生产蓬勃发展起来的商业竞争日趋激烈，使企业界普遍认识到“好的设计就是好的销售”这个市场竞争的基本原则。20 世纪 50 年代，这个原则促进了西方各国设计的快速发展，新的市场观念形成，市场营销学成为企业发展的根本依据。为了长远的发展目标，企业希望能够通过产品开发、视觉设计 (包括包装、标识、色彩、广告、营销策略) 等一系列的系统设计来树立企业在顾客中的积极、正面的形象。

另一方面，“二战”后，美国和西欧国家的经济迅速进入国际化阶段，许多大型企业为了在国际市场中推销自己的产品，也不得不通过新产品开发、提高产品质量和服务质量、优良的包装设计、具有特色的广告宣传等方法来提高市场占有率，最终的目的是树立自己企业和产品的国际形象。国际竞争的压力是企业形象文化飞速发展的动力，其中美国的平面设计界取得了突出的成就，奠定了现代企业形象设计的基础。企业形象设计的观念在 20 世纪 70 年代被引入日本，日本设计界结合了日本的实际国情、企业管理和企业经营等理论发展成了完善的现代企业形象系统。

美国的企业形象系统的主要特点是以视觉设计为中心，包括企业标志、标准字体、标准色彩以及这些要素的应用规范，称为“视觉识别系统”(Visual Identity)，简称“VI”。企业形象的树立，除了视觉因素之外，还具有企业员工和管理阶层体现出来的行为特征，包括人际关系和行为规范等因素。因此当美国的“视觉识别系统”介绍到日本之后，日本企业界和设计界进一步增加了所谓的“行为规范系统”(Behavior Identity)，简称“BI”，以及整个企业经营管理的规范“观念识别系统”(Mind Identity) 简称“MI”。“VI”“BI”“MI”整合起来被统称为“企业形象系统”(Corporate Identity)，简称“CI”。（图 5-12、图 5-13）

5-12

5-13

CIS 是信息时代的经营策略。作为企业产品形象的包装，是企业形象的一个重要组成部分，是消费者了解企业形象文化的直观途径。商品包装作为企业与消费者最直接的接触者，通过借助于商品包装来强化企业形象，将企业文化形象融于商品包装设计表现中，随着商品的销售，企业形象也随之深入人心。因此许多企业通过产品包装设计来整合视觉形象，对企业所生产的不同种类产品在包装视觉特征上统一设计风格，如运用统一的图形、统一的色彩、统一的品牌形象、统一的编排格式等，使多品种的产品在包装形象上具有共同的识别性，从而树立整体视觉形象，加深消费者对产品和企业的认知度。CIS 的导入是一项运用信息来追求自我认知和社会认同相一致的企业变革活动。它通过信息的开发和整理，对内规范经营管理、对外展示良好的形象。包装设计是整个 CIS 中的重要一环。它将商品完好地交到消费者手中的同时，还得展示企业对消费者、对社会的种种承诺，让企业的良好愿望，通过包装转化为美的形式，加上优质产品、一流服务和各种广告及社会活动组成全方位的一体化的信息，也必然会对消费者产生巨大的吸引力和诱导力。

第六章　包装设计文化

文化一词，通常有广义和狭义两个意义的使用。广义的文化即人化，它映现的是历史发展过程中人类的物质和精神力量所达到的程度和方式，依据其领域的不同可分为物质文化、制度文化和精神文化等。狭义的文化特指以社会意识形态为主要内容的观念体系，是宗教、政治、道德、艺术、哲学等意识形态所构成的领域，它们是精神文化的组成部分。“文化”概念是各种经典文选中出现频率最大、歧义最多的一个词，据不完全统计，各类不同的文化定义已有 170 多个。尽管现代意义上的“文化”内涵与“文化”的初始用法相去甚远，不同民族、不同学科对“文化”的理解和界定也存有明显的差异，但却有着共同性，即文化是由人类所创造的一切非自然物，为人所特有的东西，一切文化都是属于人的文化，“自然”的东西不属于“文化”概念。文化是人类区别于动物的本质特征，也是人工产品同自然物品相区别的根本标志。比如，在石器时代，同样是一块石头，经过原始人类的打磨制造成为某种生产工具（如石锤可以砸，石片可以砍、刮等）后，那么自然的石经过人工就具有了文化的成分和色彩！（图 6-1 至图 6-4)。

图 6-1

图 6-2

图 6-3

图 6-4

“文化”作为一个社会历史范畴概括着人类社会一切时代的文化现象，但是，对于任何时代和任何民族来说，不存在同样的“一般文化”“一般文化过程”，文化总是通过历史的具体形式表现出来。因此，文化范畴概括的是每一种文化本质都具有的，不以地域、民族、时代为转移的一般性东西，是任何一种历史的具体的文化形态都不可或缺的那样一些因素。从这个意义上，马克思主义认为文化最广泛的最一般的定义便是：文化是人类在改造世界的对象性活动及其成果中所展现出来的体现人的本质、力量、尺度的那一部分，简言之，文化便是人化。

透过设计的表象，我们可以看出，现代设计是将人类的精神意志体现在创造中，通过造物设计人们的物质生活方式。而生活方式就是文化的载体，所以说包装设计在为人创造新的物质生活方式的同时，实际上就是在创造一种新的文化，包装设计与文化之间具有不可分割的联系。既然包装设计是在创造新的文化，由于文化的延续性，就需要从文化剖析中找到创造的依据，这或许就是灵感的源泉之一和设计者关心文化的动机所在。

第一节　包装设计的文化结构

著名文化人类学家马林洛夫斯基说过："在人类社会生活中，一切生物的需要已转化为文化的需要。"现代包装设计正是一门以文化为本位，以生活为基础，以现代为导向的设计学科。因此，我们无论是在理论上，还是在实践中，都应把包装设计作为一种文化形态来对待。

文化是人类历史实践过程中所创造的物质财富和精神财富的总和。那么包装设计文化可以说是包装设计中包括人们的一切行为方式和满足这些行为方式所创造的事事物物，以及基于这些方面所形成的心理观念。（图 6-5）

图 6-5

一般说来，这些有许多设计文化要素构成的复合整体，可分为三个层次：第一，包装设计的物质层，它是设计文化的表层，主要是指包含了设计文化要素的物质载体，它具有物质性、基础性、易变性的特征。如各种包装设计部门和包装设计产品，交换商品的场所以及消费者在使用包装产品中的消费行为等。第二，包装设计组织制度层，这是设计文化的中层，也是设计文化内层的物化，它有较强的时代性和连续性特征。主要包括协调设计系统各要素之间的关系、规范设计行为并判断、矫正设计的组织制度。世界上包装设计文化比较先进的国家都有自己相应的较为完整的组织制度。而包装设计文化比较落后的国家，组织制度大都不完整，它们零散地存在于其他的如政治、经济、文化和法律等组织制度中，没有健全的独立的体系和地位。如果没有了这个层次，设计的个体就必将落于自纵，群体沦为无序。第三，包装设计的概念层，它是一种文化心理状态，所以也可以认为是设计文化的意识层。它处于核心和主导地位，是设计系统各要素一切活动的基础和依据。科技的发展、生产力的提高和文化的进步，带来的对包装设计文化的冲击，主要就表现在生产和生活观念、价值观念、思维观念、审美观念、道德伦理观念、民族心理观念等方面上。它是设计文化结构中最为稳定的部分，也是设计文化的灵魂，它存在于人的内心，如有发展变化，最终会直接或间接地在组织制度层上得到表现，并由此规定自己的发展和规律，吸收、改造或排斥异质文化要素，左右设计文化的发展趋势。

包装设计文化结构的三个方面，彼此相关，形成一个系统，构成了包装设计文化的有机整体。包装设计文化的物质层是最活跃的因素，它变动活跃，交流方便频繁，同时，包装设计文化的变化发展又总是首先在它的身上得到体现。如我国的改革开放，学习国外的先进科学、文化与技术，产品的渗入正扮演着这场文化冲击的先导的角色。在市场上，产品包装更新换代层出不穷。而组织制度层是最权威的因素，它规定包装设计文化的整体性质，是设计的群际关系得以维系的重要纽带，更是包装设计得以科学有效实施的保障。这一层面由一整套内在的准则系统所构成，从而成为包装设计师从事设计活动的准绳。再者心理意识的内层则相应较为保守、稳固，是设计文化的核心所在。不同的设计观念会带来不同的行为方式和社会结果，认识到新环境所强加于我们的新要求，并掌握符合这样新要求的新思想、新观念和新手段，这正是设计观念的新高度。三者间互相依存，互相结合，互相渗透，并融合反映在每一个具体的包装设计活动和设计作品中。

第二节 包装设计的民族性与国际性

包装作为一种社会文化形态，它的产生与发展体现了一个国家、民族和地域的科学技术水平、精神文明和物质文明程度，同时也表现出特有的民族文化面貌和审美水准。世界上每一个民族都面临着自由发展和国际化的挑战，新文化形态的不断出现，民族间相互交往、影响的增多，人们世界观所发生的改变，对固有的民族文化产生了冲击。人们一方面想尽力保持本民族悠久的文化传统，另一方面又不得不面对国际化的时代发展趋势，如何在设计中处理好民族化与国际化之间的关系，成为摆在设计者面前的一项重大课题。(图 6-6 至图 6-10)

图 6-6

图 6-7

图 6-8 李诚作品

图 6-9

图 6-10

包装设计文化的民族性涉及文化的发生学，正因为全世界的文化不是来自同一源头，当然就有了民族性的问题。世界上每一个民族，由于不同的自然条件和社会条件的制约，都形成与其他民族不同的语言、习惯、道德、思维、价值和审美观念，因而也就必然地形成与众不同的民族文化，反映出一个民族的心理共性。在如今多元化的国际社会中，需要的是多样化的文化呈现。不同的民族，不同的环境造就了不同的文化观念，直接或间接地表现在自己的设计活动和产品中。如德国设计的科学性、逻辑性、严谨、理性的造型风格，日本的新颖、灵巧、轻薄玲珑而又充满人情味的特点，以及意大利设计的优雅与浪漫情调等，这些无不诞生于它们不同民族的文化观念的氛围中。再如中国包装设计风格上的平稳、圆满、寓意和形式上的完整性、对称性，也正是我国人民内向心理特征和相对保守的社会意识的折射。

当然，包装设计文化的民族性并非仅具有稳定、保守性的一面，它在与国际性的共生中，随着社会生活、社会观念的变化而不断更新、发展着自己的特点。将民族化与国际化分离开来，放到对立面上去对待的做法是不可取的、片面的，它不能使人们从传统的角度对待现代，也不能让人们以国际化的视野审视民族化。但是简单将民族化与国际化拼凑在一起，也是难以让人认同的。纵观历史，越是在历史的盛世，民族文化就越具有广泛的包容性和国际化特点，更容易形成自身鲜明的民族特色。从汉唐时期民族文化的发展中我们可以清楚地了解到这一点。记得有这样一句话：一个人能用社会的标准，而不以个人的标准衡量一切，这个人就成熟。一个民族什么时候用世界的标准，而不用民族的标准衡量一切，那么这个民族就成熟了。我们应该以坦然平和的心态去面对设计的民族性与国际性问题，只要不是一味地考古，民族性与国际性在包装上就可以并行不悖。(图 6-11、 图 6-12)

图 6-11

图 6-12

第三节　包装设计的时代性

一个民族共同体形成之后，便开始了漫长曲折的历史发展过程，在这一历史进程的不同阶段上，该民族文化分别会表现出一系列的时代性特征。只要我们承认包装设计文化的承接性和发展性，就有包装设计文化的时代性存在。这是因为包装设计文化首先是一个历史发展的过程，是该民族各个时代的设计文化的叠合及承接，是以该时代的现实的物质社会为基础，是传统设计文化的积淀和不断扬弃的对立统一，历史性与现实性的对立统一。（图 6-13 至图 6-16)

图6-13

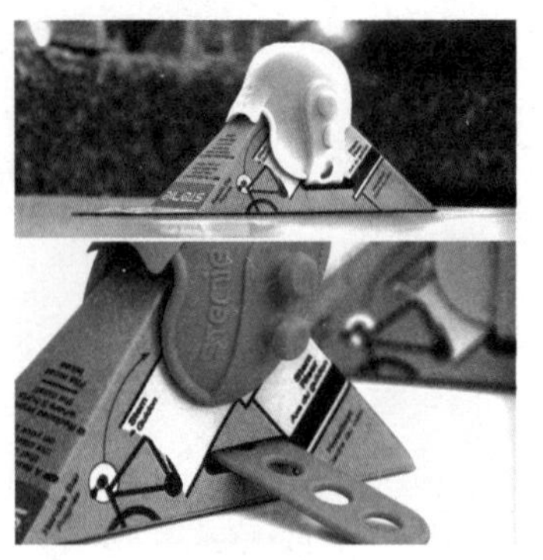

图6-14

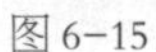
图6-15

图6-16

包装设计文化有其时代性，主要反映在包装设计文化的组织制度和物质外层上。但设计是紧随时代，重在观念。在经济全球化，科技迅猛发展的今天，社会主观形式都已发生根本的改变，尤其是信息的广泛高速的传播，开放的观念激荡日趋激烈，社会结构与价值观念、审美观念等的多元化，人与人的交往频繁，社会及人的要求不断增加，工业文明的异化所带来的能源、环境和生态的危机，面对这一切我们是否能适应它、利用它，使包装设计成为该时代的产物，这已成为当今设计师的重要任务。

包装设计文化的时代性特征，很自然地使我们的设计活动和产品不能用一个绝对的标准去衡量。不同的时代都有自己的标准，不能把今天的或昨天的标准当作绝对的、唯一的标准，对于历史的设计文化的评判必须认识到本身就是历史的。文化的时代性决定了一切历史的认识本身都是历史的，每一时代的包装设计文化都有其绝对的内容，都有自己的观念体系，都有自己的历史发展状态，都有这个时代的烙印，所以也都相应地具有时代的局限性。没有这些认识，我们就不能对包装设计文化的时代性有一个全面的把握。

包装设计文化的民族性、国际性与时代性既是内容又是形式。在包装设计文化结构的三个层面上，一般说来，物质层面更富有时代性，因而是最活跃的因素，最易被人们所接受，所流行。心理层面具有较强的民族性，较为稳定而保守，因而变化起来缓慢。当民族性与国际性两种异质的包装设计文化在平等或不平等的条件下接触时，首先被互相发现的多是包装的物质层，习之既久，逐渐可以认识到中层即包装组织制度层，最后方能体味各自的核心层面即意识观念层面。日本战后包装业的发展，以及我国包装业自改革开放从引进物质技术设备开始，到各种先进的组织管理制度的引进，一直到国际现代包装设计观念的引入都说明这一点。

第七章 现代包装设计实务

图 7-1

在当今激烈竞争的社会里，仅仅是从理论上或是在课堂里去掌握包装设计的知识，已经是远远不够的了。身体力行地去从事实际的设计运作，了解社会和企业，了解包装设计究竟能够给企业提供什么，企业又能在多大程度上接受和认识包装设计，以及如何开展产品包装设计实务这一最为核心的问题，无论是对自由职业的设计师、独立的设计公司，还是对驻厂设计师及其部门而言，都是达到包装设计最终目的不可缺少的一门功课。本章主要作这一方面的探讨。(图 7-1)

一件包装的完成，是由产品开发、市场开发、营销策划、市场调研、包装设计、印刷制作、市场评估、市场流通、广告宣传、分销零售、包装回收等多个环节互为辅助的结果，是一个科学、严谨、复杂的系统工程。在这个系统工程中，包装设计作为一个非常重要的环节，它需要经过合理的程序，才能确保包装设计的正确性。它的成功与否对包装的最终目的——销售结果产生着重要影响。现代包装系统工程中的每一个环节，虽然都应由相应的专业部门分工完成，但在各个部门之间的协同合作是顺利完成整个包装流程的保证。（表 7-1）

第一节 包装设计实务的作业流程（包装设计的流程与运作）

包装设计实务就行为的意义而言，可说是人类一种有意识、有计划、有步骤、有目的而且是有意义的具体行为。从意识的发端开始，一直到目的实现的过程中，都应该透过系统化的思考以寻求一种合理的解决途径，作为包装设计的行为准绳。包装设计严谨的程序与步骤，体现着现代设计的科学性、系统性的理性色彩，是掌握正确设计方法、取得有效设计结果的关键因素之一。(图 7-2 至图 7-4)

表 7-1 包装设计流程表

启动阶段	企业自行开发设计（市场部提供） 设计公司代理设计（委托人提供） 私人公司设计（委托人提供）	包装设计相关资料	产品开发整体构想——开发动机、市场机会点等 目标消费者描述——年龄、性别、职业、爱好等 产品描述——特性、用途、成本、售价等
策划阶段	根据产品开发战略和市场情况、确定包装计切入点和设计策略	市场调研——目标消费者状况了解、竞争产品包装分析 成本相关因素分析——包装材料设计选择、包装生产工艺选择 商品营销策略了解——销售方式、销售通道	
创意阶段	设计师组合研讨及设计构想	视觉传达性——色彩、图形、文字、商标、商品特性视觉冲击、联想意义 方更使用性——结构、使用整体陈列 安全性——材料、耐内容物 适运性——销售通首、运输形态 合理性——制造加工、成本	
设计阶段	创意方案的具体化设计评估	容器——效果图、模型 销售包装盒——效果图、盒样 运输包装箱 容器——图纸、模具、样品 销售包装——正稿、印刷稿、盒样 运输包装箱——正稿、瓦楞样稿 专业高驻地开发人员分析——整体视觉形象、制造加工、成本综合评估	
样品验证阶段	试产品评估	市场调研——目标消费者反馈调查 相关专业人员调研——生产人员调查、销售人员调查 容器耐内容物品试验、检测 容器相关性能检测 运输包装箱检测	

图 7-2

图 7-3

图 7-4

包装设计的流程基本上可以分为启动阶段、策划阶段、创意阶段、设计阶段和样品验证阶段，其中前面和后面阶段的工作是要与相关的部门协同合作来完成。包装设计虽然是依科学的方法来确定设计的流程，但是各个国家由于国情的不同，包装设计流程也有所区别，相比之下，发达国家在这方面分工更为细致明确、各部门专业性更强，这也是包装设计发展的必然趋势，值得我们借鉴。

一、启动阶段

启动阶段主要是设计项目的立项与计划阶段，这一阶段，沟通与协调对于双方都十分重要。一方面，设计公司需要对客户有充分的了解；另一方面，客户寻求包装设计师帮助时，往往带着不同的目的，有的只是想美化外观，有的却要改善整个包装或市场形象。但是通过与包装设计师们的合作，客户以往的初衷会有了很大的变化，这种变化往往是客户在初期所意想不到的。因此，设计公司对委托项目的立项，必须进行严密的论证和分析。

在与客户接洽并承接设计项目的同时，设计公司应当首先制定出两个相应的文件：

1. 项目委托任务书

任务书应具备相关的资料：有关包装产品的资料信息，产品开发整体构想，要达到的目的，项目的前景及可能达到的市场效果，目标消费者描述，潜在的市场因素，市场主要竞争对手，日程安排等。这份报告的目的是使设计公司对客户有深入的了解，以便明确自己实施设计过程中可能出现的问题与状态。(表 7-2)

2. 项目计划表

包装设计是依科学的方法来确立设计的程序。因此，有关计划的观念与系统的概念是绝对必要的。此地所谓的“计划”就是将具体项目实施分解为几大主要阶段，并制定出相应的作业流程、管理规范和时间计划。把有关达成目的的所有行为要素一一列举出来，并决定其操作实施的次序。良好的计划通常要考虑很多细节而且都得合乎逻辑，尤其是顺序的安排更应有正确的流程才能顺利完成。

表 7-2 项目委托任务书

<table>
<tr><td rowspan="2">产品名称</td><td rowspan="2"></td><td rowspan="2"></td><td>委托单位</td></tr>
<tr><td>委托经办人</td></tr>
<tr><td>产品内容</td><td>1. 产品特性
2. 用途
3. 成本
4. 市场价格
5. 形状形态
6. 主要原料
7. 容量
8. 内装数量
9. 销售方式
10. 销售地区</td><td rowspan="4">设计的要点</td><td rowspan="2">商品的设计诉求点
（以下主要诉求点请选择不超过 2 项）
1. 美味感　（　）
2. 健　康　（　）
3. 素材感　（　）
4. 时尚感　（　）
5. 高级感　（　）
6. 品牌感　（　）
7. 趣味性　（　）
8. 儿童感　（　）
9. 男性阳刚气　（　）
10. 女性柔美感　（　）
11. 其他　（　）</td></tr>
<tr><td>包装样式</td><td>1. 包装形态
2. 外形尺寸
3. 印刷方式</td></tr>
<tr><td rowspan="2">日程安排</td><td rowspan="2">1. 方案提出日
2. 方案定稿日
3. 打样完成日
4. 销售上市日</td><td>目标消费者</td></tr>
<tr><td>市场主要竞争对手</td></tr>
<tr><td>包装设计概念</td><td>产品开发动机及设计的方向性、市场机会点</td><td></td><td></td></tr>
</table>

通常在决定每一个行为顺序的时候都应该同时思考下列三个问题：①在此行为开始前，哪些行为必先完成？②哪些行为是可以同时发生的？ ③哪些行为是需要此一行为先完成后才能开始的？以上三个问题都解决后，就可以用箭头做符号来表示行动的先后了。各箭头符号表示某一个阶段行动的开始到结束。这种将行为安排成有先后顺序且合理化的手段就是所谓系统化的计划行为。

二、策划阶段

前期策划的主要实施部门是企业的市场及新产品开发部门或受企业委托的广告策划公司，是包装策划的初始阶段。这一阶段首先离不开最基本的市场调研分析，其目的是掌握市场趋势、了解竞争状况、形成包装设计策略并作为包装设计的指导原则。(图 7-5 至图 7-30)

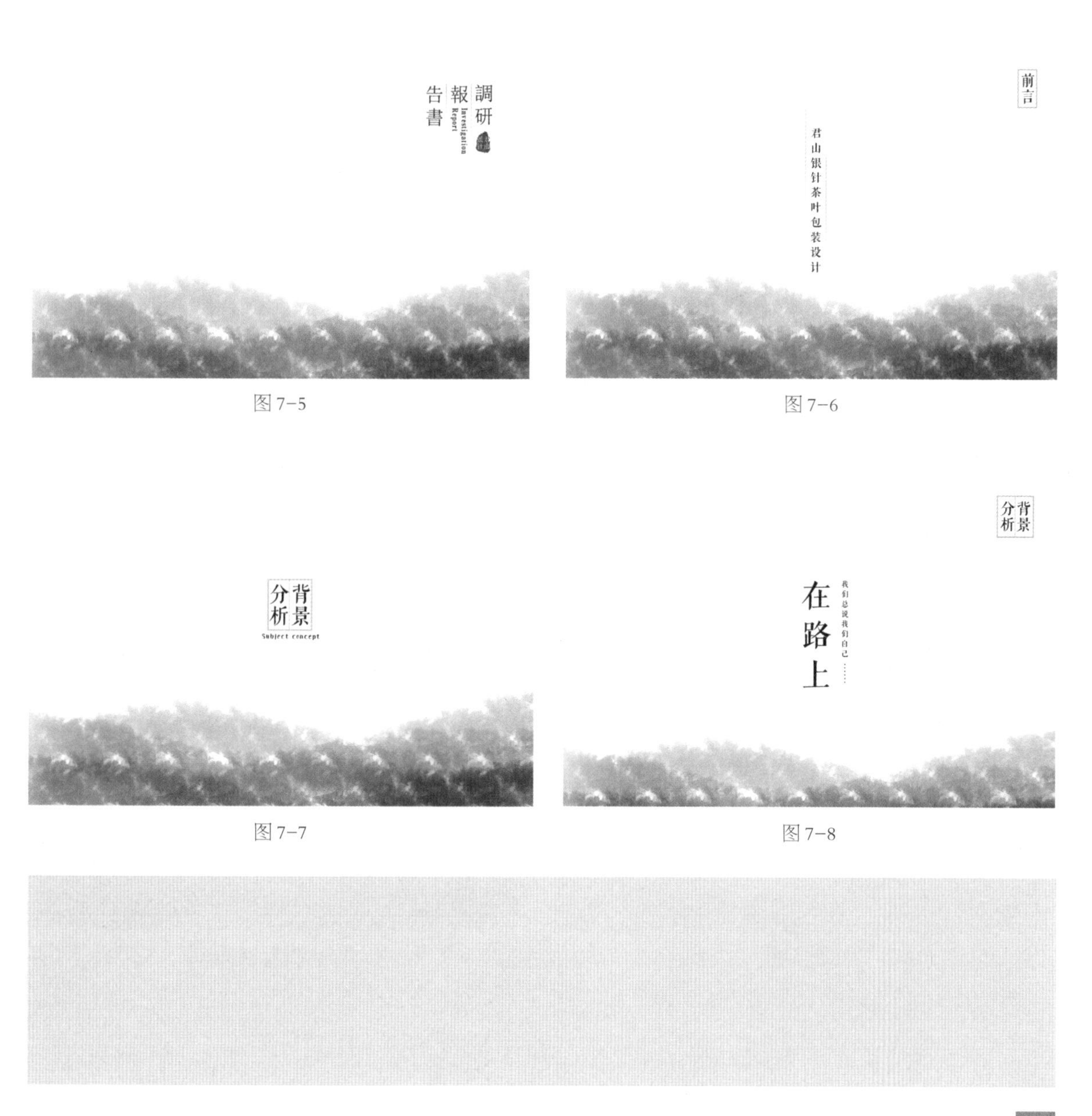

图 7-5

图 7-6

图 7-7

图 7-8

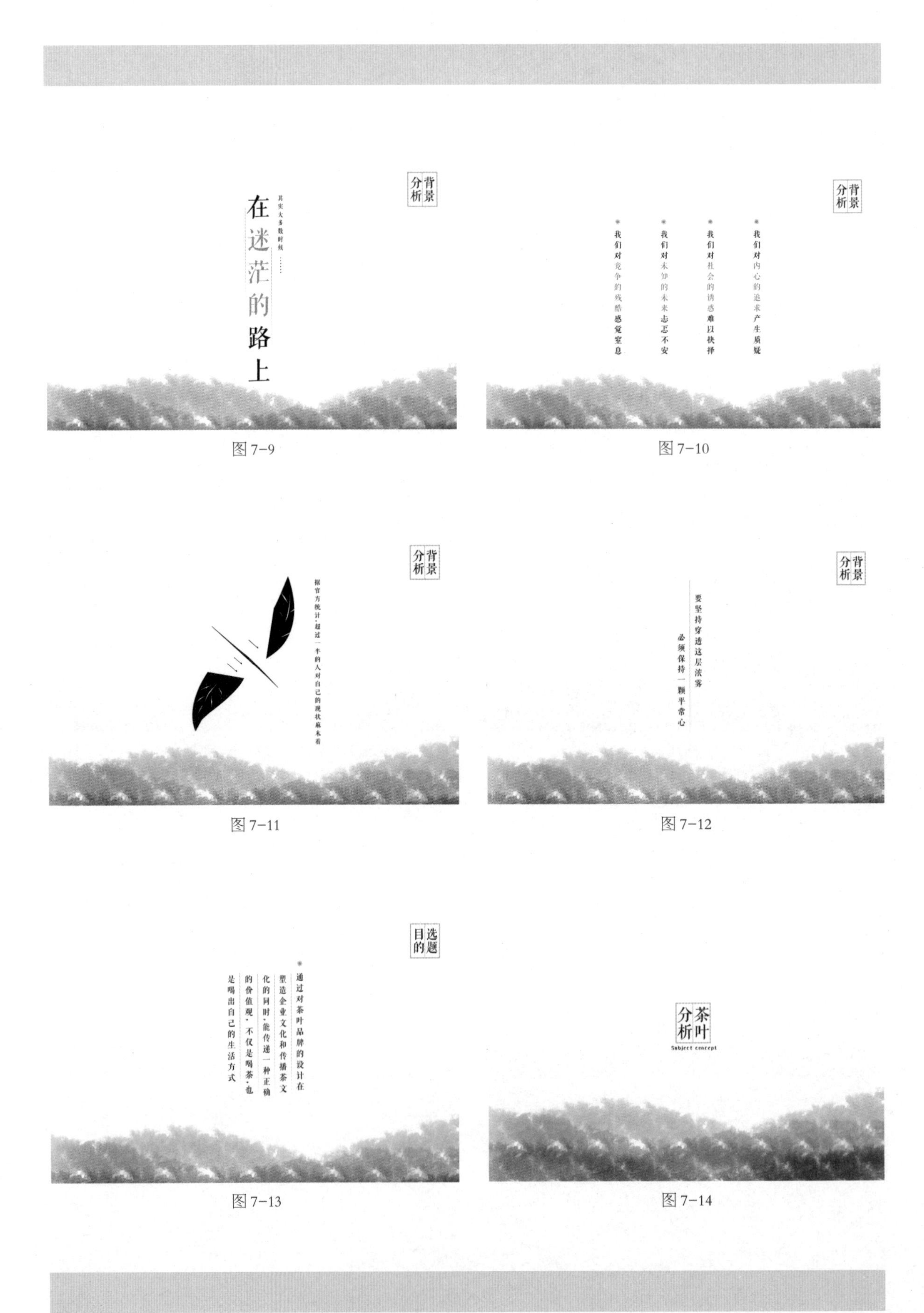

图 7-9

图 7-10

图 7-11

图 7-12

图 7-13

图 7-14

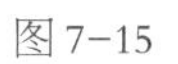
图7-15

图7-16

图7-17

图7-18

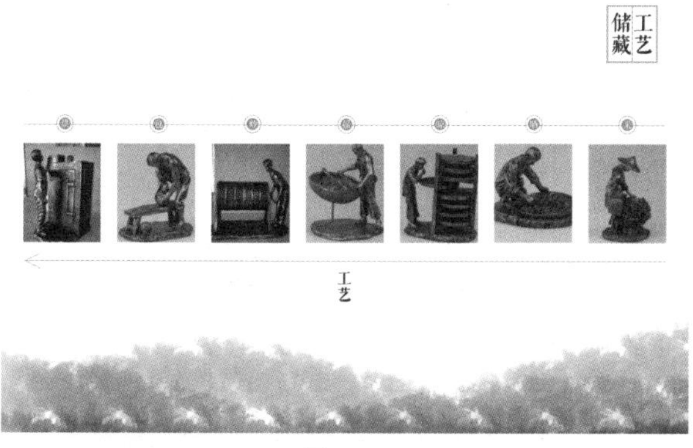

图7-19

图7-20

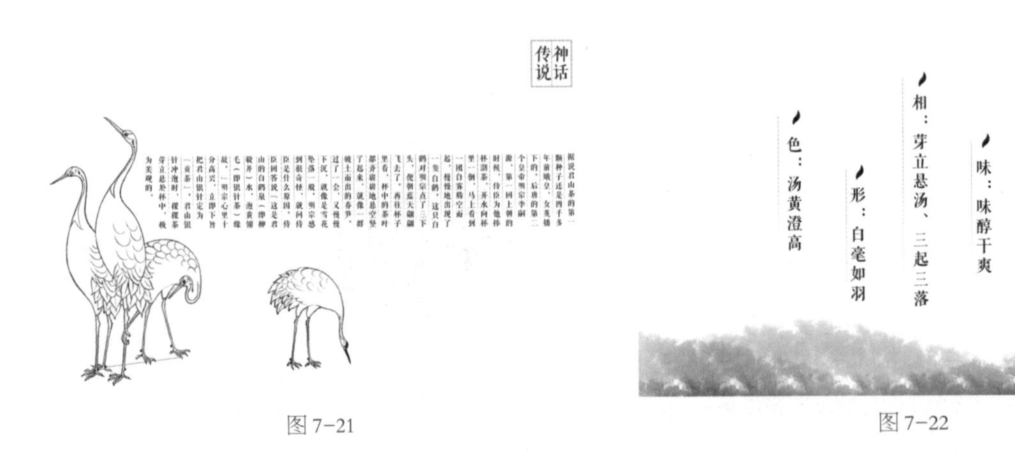

图 7-21　　图 7-22

图 7-23　　图 7-24

图 7-25　　图 7-26

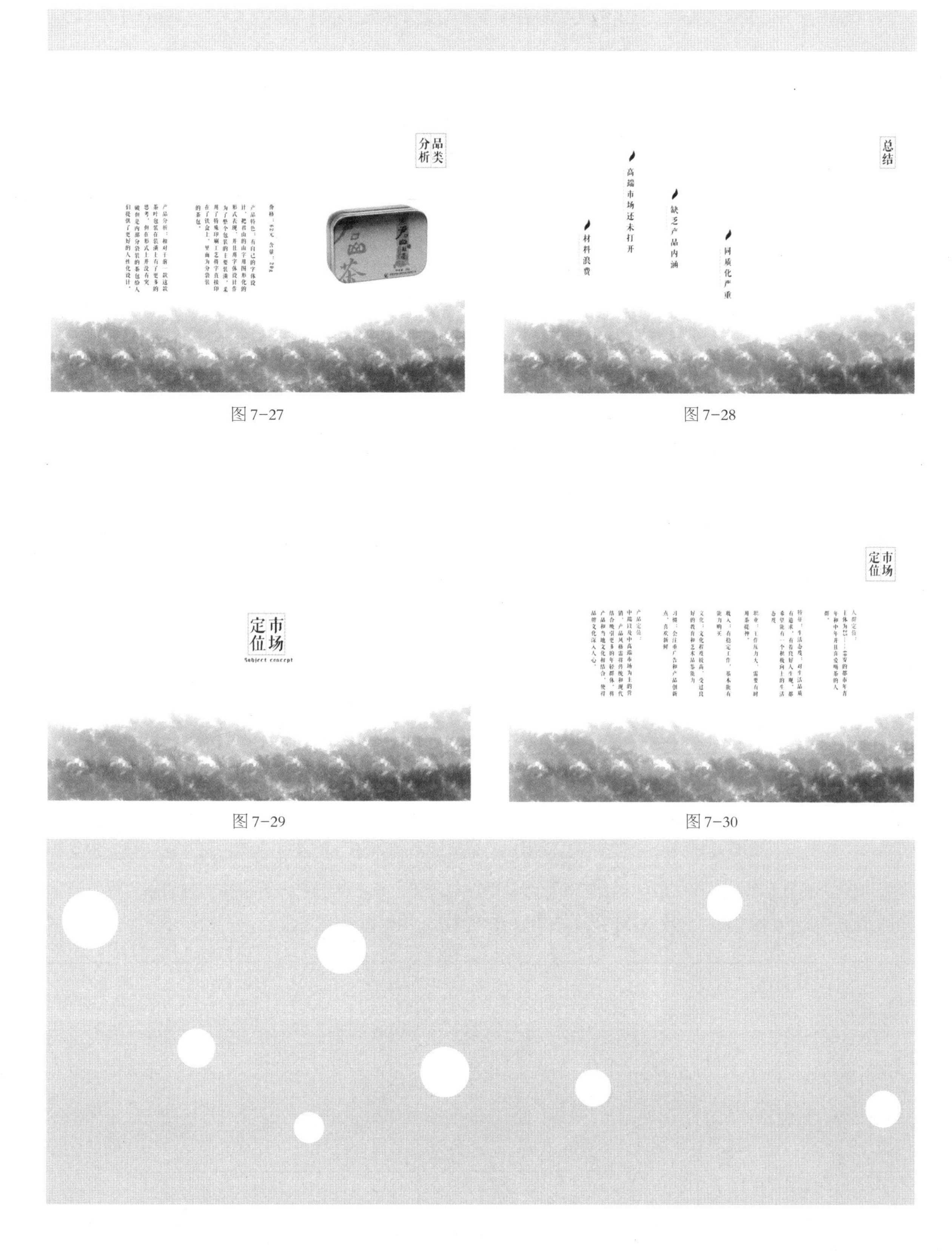

图 7-27

图 7-28

图 7-29

图 7-30

1. 市场产品包装定位分析：将市场上现有的各品牌产品，以消费者所关注的因素为坐标，确定其市场定位，以便明了市场竞争的状况，寻求市场的机会点。其主要目的有：①了解自己产品现在与何种品牌的产品竞争。②本产品包装应突出的特点和向何处发展较为有利。

2. 对目标消费者的调研：将数种不同的消费群加以分类，由此而了解目标消费大众的组成结构，包括性别、年龄、职业等，进行最有针对性的设计开发。

3. 同类产品调研：市场现有各类产品的特性分析。将市场上现有产品的各项特点，如品牌、功能、特色、诉求重点、价格、使用材料等详细列出，以此来比较各竞争品牌产品的优缺点。

4. 研究市场上现有同类产品的销售状况：通过此项研究可了解各类产品被消费者接受的程度，配合以上定位即可大略了解消费者的需求趋势。

5. 分析竞争对手产品包装策略与设计方向，抢先推出新产品包装：建立竞争对手资料档案，利用各种点滴渠道收集相关竞争对手的资料，综合并分析出竞争对手的设计开发动向，抢先一步占领市场竞争的制高点。

6. 商品推销策略的了解：有助于包装设计形式的构想，比如销售通道、销售规模、大通道销售，如果是进超市销售，则要考虑货架陈列整体效果等。

7. 确立包装设计策略：经过上述各项分析研究，结合企业营销战略，确立出产品包装设计策略，作为下一步创意设计的方向和指导原则。如东芝公司确立其产品与松下公司某一型号产品的竞争，产品及包装设计策略定为“潮流时尚”的风格方向，其主要目标市场针对年轻女性等。

8. 制作设计重点图：完成一般分析后，即可着手创意与设计。此时应采用注意事项图——将设计时各部分应注意事项详细列出，作为设计师设计时的参考。

除了新产品包装开发以外，对企业的市场现行销售产品包装作出及时的调整和包装策划的改进也是企业包装设计策划的重要内容之一。对于包装设计环节来说，设计策划阶段的工作做得越详细、越具体、越准确就越能提高后面设计工作的效率，设计人员不必再浪费时间去了解产品的各种信息以及竞争对手的情况。日本在这方面的做法较为科学，设计策划阶段的详细内容会以表格的形式作为设计委托书交到设计人员手中，同时提供竞争对手的详细资料。表格中的设计要求、诉求点、产品信息等一目了然，大大提高了设计人员设计策划的工作效率和设计思维创意的准确性。另外，各个部门之间的默契配合也是信息有效沟通的保证，从而能够准确并且高效率地把握包装设计的创意、定位和表现。

三、创意阶段

为了保证创意的质量和方案的可选择性，通常会根据设计项目组成一个设计小组，并且有一名主管设计师担当与设计策划部门协调的任务。这个设计小组会对具体设计项目进行研讨，在对目标消费者、产品竞争对手、成本相关因素和商品推销策略等进行研究的基础上，知己知彼，制定视觉传达的重点和包装结构设计的方案，有时甚至也会对设计创意的表现作出方向性的分工，这样可以有效发挥这个小组的创意设计优势，提高设计效率。（图 7-31 至图 7-43）

图 7-31　　图 7-32

图 7-33

图 7-34

图 7-35

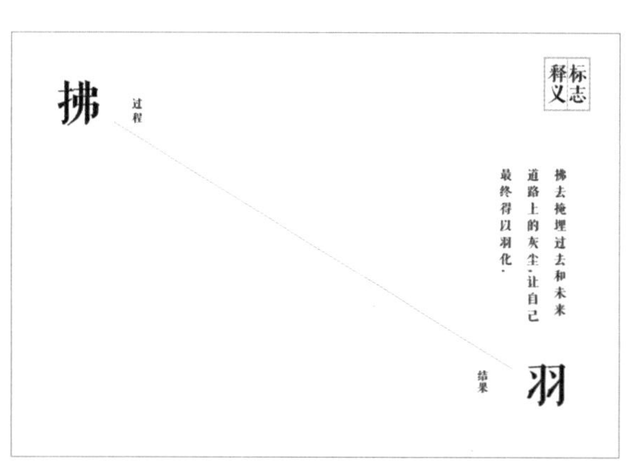

图 7-36

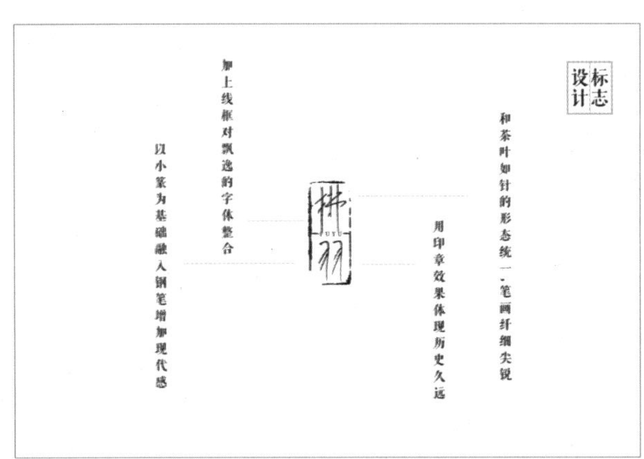

图 7-37

图 7-38

图 7-39

图 7-40

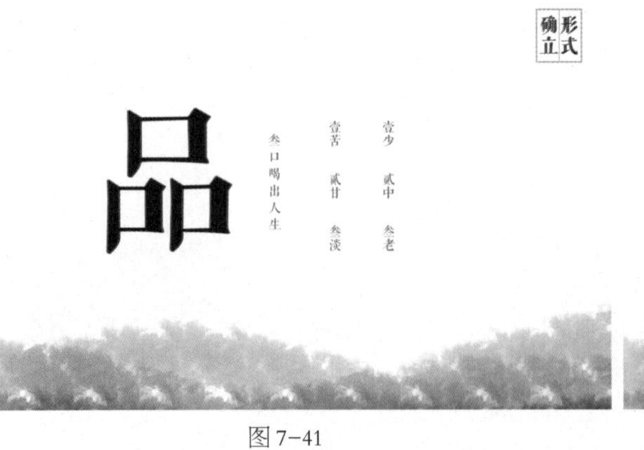

图 7-41

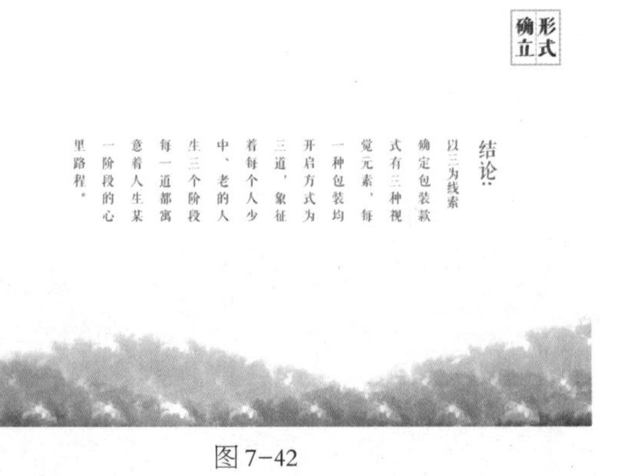

图 7-42

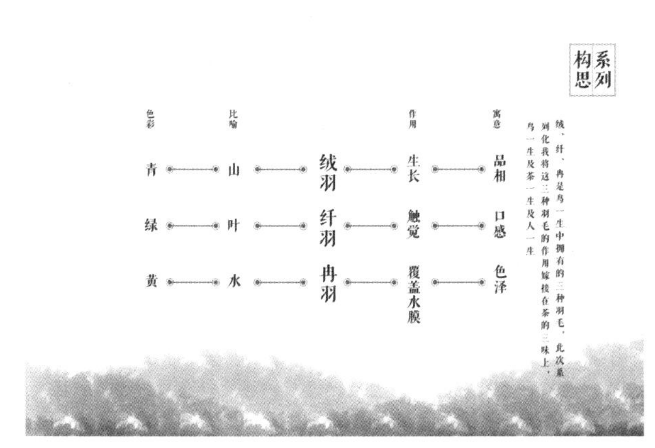

图 7-43

创意设计阶段要求设计人员尽可能多地提出设计方向和想法，在找准设计定位的基础上，把问题细分，寻求机会发展创意。这里需要注意的是要以宏观的视野包容千变万化的创意，不能以简单的二分法来判定初期创意的好与坏，因为在这中间充满许多无限可能的“灰色地带”，往往是伟大创意萌芽和成长的摇篮。

初期创意一般以草稿的方式表现，但要求尽量准确地表现出包装的结构特征、编排方式和主体形象的造型，以若干草图进行比较、选择和再综合。在此基础上，小组会经过研讨来确定可实施性的创意设计方案并安排实施。

四、设计阶段

设计阶段是对创意方案的具体化步骤。在这个步骤中经过提案、研讨等进行反复修改、完善。具体操作过程大致如下（图 7-44 至图 7-48）：

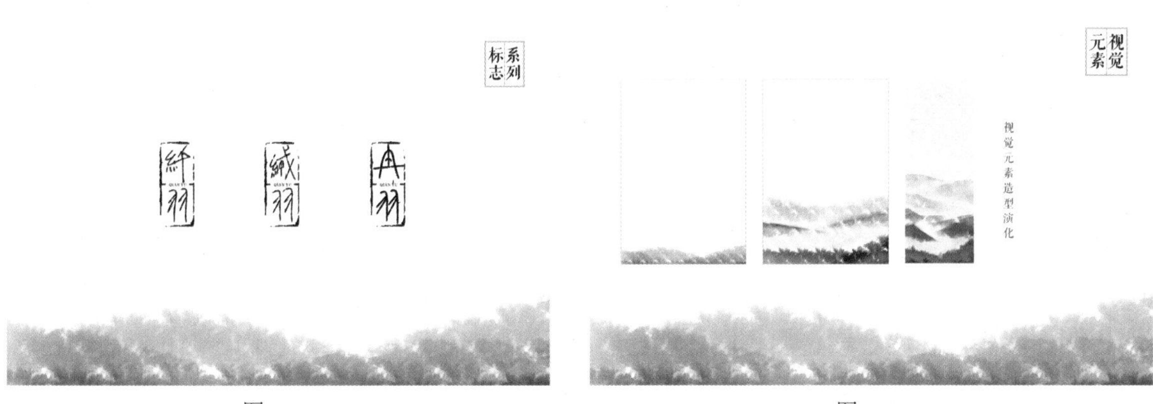

图 7-44　　图 7-45

图 7-46

图 7-47

图 7-48

1. 设计构想图：根据挑选出来的可实施性创意草案，按照实际成品的大小或相应比例关系做较细致的表现，对各个细节的处理作出较充分的表达，这个过程可以利用铅笔及简易的色彩材料来完成。

2. 设计表现元素的准备：对设计表现会使用到的元素做先行的准备，主要有以下几个方面的内容：一是图形部分，通常比较复杂或个性化的插图会委托专业的插画部门去完成；二是文字部分，包括品牌字体的设计表现，广告词、功能性说明文字的准备等；三是包装结构的设计，纸盒包装应准备出具体的盒型结构图，以便于实际操作和包装展开设计的实施。除了这些，商标、企业标识、相关符号等也应提前准备。

3. 设计的具体化表现：现在这个过程主要是在计算机上完成，借助计算机和辅助设备。我们可以对设计稿进行加工、调整和处理。根据包装结构图按不同的展示来设计，运用文字、色彩、图形、编排等专业知识，具体安排各要素之间的关系，设计出几套接近实际效果的方案。

4. 设计方案稿提案：将设计完成的接近实际效果的几套方案进行彩色打印输出。初步的设计提案表现出主要展示面的效果即可，并以平面效果图的形式向设计策划部门进行提案说明。设计策划部门根据产品开发营销策划等要素对提案进行研究，筛选出较为理想的部分方案并提出具体修改意见。然后，在这种方案稿的基础上再进行反复修改，使之渐趋深化和完善。

5. 立体效果稿提案：对最终筛选出来的部分设计方案进行展开设计，并制作成实际尺寸的彩色展开图，利用计算机模拟出已经成型的包装，使包装设计更加接近实际成品的效果，直观性更强。这种立体效果稿与平面设计方案存在着较大的效果差别，设计师可以用计算机模拟来检验包装设计的立体效果、包装结构上的不足以及陈列在货架上的情况，再经过改善后，向设计策划部门再次进行提案。（图 7-49 至图 7-57）

图 7-49

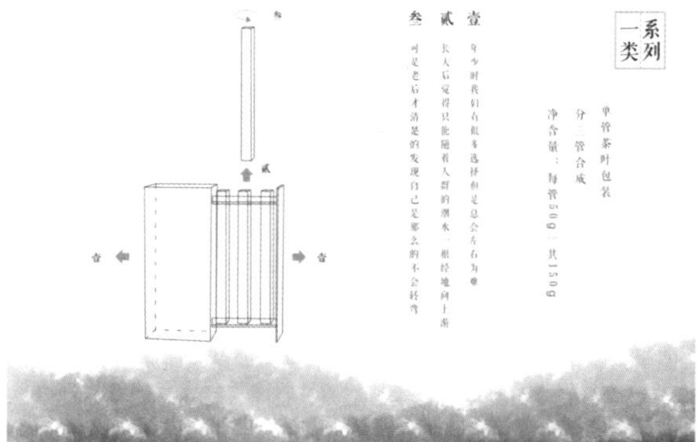

图 7-50

图 7-51

图 7-52

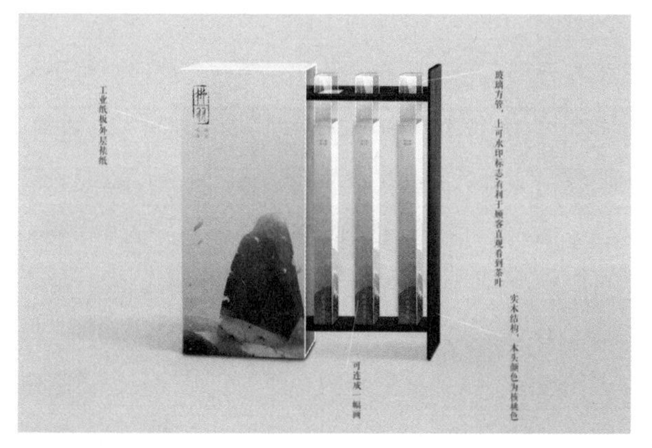

图 7-53

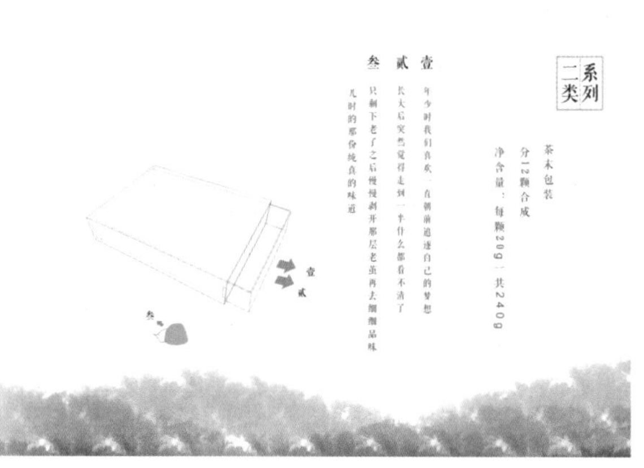

图 7-54

图 7-55

图 7-56

图 7-57

6. 实施方案的确定：由设计策划和相关部门对立体效果稿进行评估和研究后，最终将确定 2 ～ 3 种最理想的方案，而将它们推行到下一步的评估测试中。因为在下一个阶段的实施中，会有较大的成本支出，因此决定推行评估测试的方案不宜过多。当前，我国的许多包装设计的评估还处于探索阶段，只有当产品的包装设计具有强烈的目标性、方向性，才能使设计的评估具有更明确的科学方法。

五、样品验证阶段

样品验证阶段在整个包装设计流程中是比较重要的工作环节，也是包装设计的最后一道关口，对于大规模生产和销售具有实际意义。将实际开发出的包装小批量生产出来，委托市场调研部门通过消费者品尝会、试销、市场调查等活动，再依据市场实际的反馈情况，检验和修正不当设计后最终决定投入生产的包装定案。在这个过程中，一切都尽量做到与实际生产的产品一致，这样做虽然在样品生产阶段投入了部分成本，但各个环节也同时得到了验证，在大规模投入生产时则可以放宽心，不会造成大的损失和浪费，具有承上启下的实际意义。

目前，我国的许多包装设计验证评估工作还处在探索阶段，绝大多数的国内企业的产品包装都是由企业内部决策层决定的，有的进行了内部的讨论和评估；有的则过于听信设计人员的意见；有的干脆就是由企业老板的个人喜好来决定，这些做法都是不科学的。包装设计最终的目标是市场消费者，只有赢得了市场消费者的认可，包装才能显示出促销价值，才能体现出经济效益。因此，一切由市场决定，由市场进行验证，这是发达国家普遍采取的理智而科学的做法，值得我国企业借鉴。（图 7-58 至图 7-64）

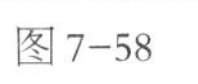

图 7-58

图 7-59

图 7-60

图 7-61

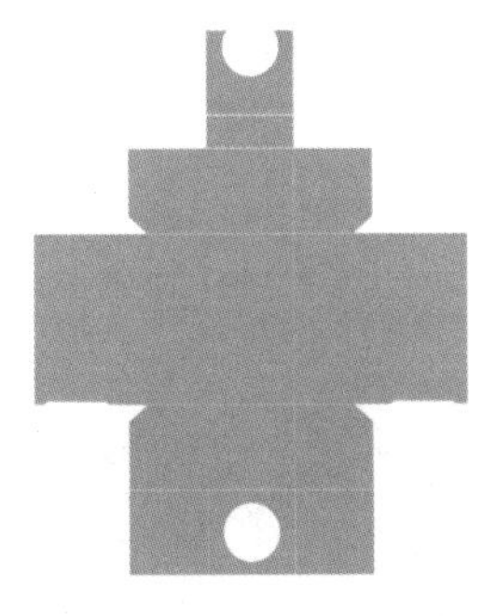

图 7-62

折页宣传册

图 7-63

图 7-64

总之，包装设计按照标准的程序操作比较容易保障设计沿着正确的方向发展，减少盲目性和个人的随意性，增强设计的科学性、有序性、可控性，减少设计工作中的失误。这里我们有两个问题需要注意：第一个问题，就算完全依照标准程序作业，也并不能确保设计的品质和作业效率。品质和效率由操作者的素质以及团队协作的默契来决定。第二个问题是标准程序不是一成不变的条条框框，应该根据实际的状况做出适当的调整。如果一味拘泥于程序中，把包装设计当作工厂生产线，那么只会离好的创意越来越远。

第二节　包装设计的策略

对于企业来说，市场营销中的产品开发、包装、分销渠道、促销、定价等诸因素都是可控因素，宏观环境因素和市场变化因素的影响和制约，这些对企业而言是不可控因素；现代包装策略就是企业根据自身的可控因素而对不可控因素所做出的判断和应对策略。对于包装设计环节来说，商品包装的促销力，既在于包装形象的撼人心弦，又在于包装信息有逻辑地深入人心。在它们的背后，必须有一整套结合营销学、心理学等学科思考的设计策略，这样创意的触角才能找准方向，高效率地向前发展。(图 7-65 至图 7-68)

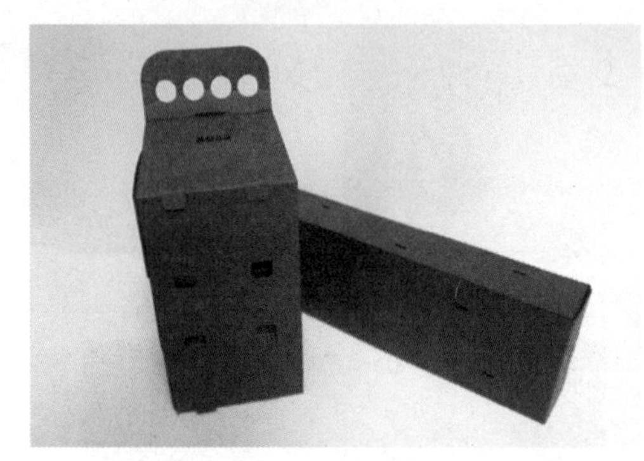

图 7-65　李金海作品

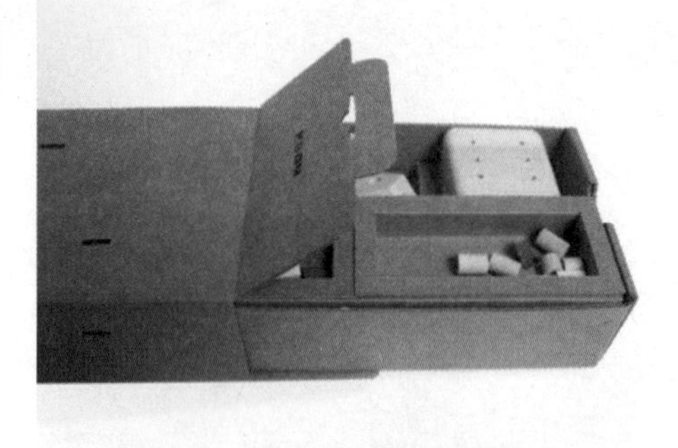

图 7-66　李金海作品

图 7-67　李金海作品

图 7-68　李金海作品

企业包装主要的策略方法如下：

1. 系列化包装策略

企业对所生产的同类别的系列产品，在包装设计上采用相同或近似的视觉要素，突出包装形象的统一，以使消费者认识到这是同一企业的产品，有一见如故的感觉。这样做可以大大节约设计和印刷制作费用，更节省了新产品推广所需要的庞大宣传开支，既有利于产品迅速打开销路，又增强了企业形象。

2. 风格化包装策略

由于消费者的文化程度、审美水准、经济收入、消费习惯、年龄等方面的差异，对包装的需求心理也有所不同。针对不同消费者的需求特点制定不同风格档次的包装策略，以此来满足不同的消费群体需求，扩大市场份额。

3. 便利性包装策略

结合人性化设计思想，从消费者使用的角度考虑，在包装设计上采用便于携带、开启、使用、反复利用等便利的结构特征，如提手式包装和拉环、按钮、卷开式、撕开式等便于开启的包装结构等，以此来争取消费者的好感。

4. 配套化包装策略将相关联的系列产品组合成套进行包装销售，不但有利于消费者使用，而且还有利于带动多种产品的销售，提高产品的档次。

5. 更新包装策略

更新包装一方面是对于滞销商品采取较大的改变，以全新的势态呈现在消费者面前，使销售不佳的商品重新焕发生机，以具备新的形象力和卖点；另一方面是对于旺销商品，采取循序渐进式的包装更新方式，通常在保持商品认知度的情况下，体现出充满活力和新颖的面貌，顺应市场变化，保持销售旺势和不断进步的企业及品牌形象。

6. 附赠品的包装策略

通过在包装内附赠品，以激发消费者的购买欲望。赠品的形式多种多样，可以是奖券，也可以是相关商品，例如在许多品牌的奶粉包装上附赠相关用具等，还可以是与商品内容无关但足以吸引消费者的赠品。

7. 企业协作的包装策略

企业在开拓新的市场时，由于其知名度可能并不高，所需的广告宣传投入费用又太大，而且很难立刻见效。这时可以联合当地具有良好信誉和知名度的企业共同推出新产品，在包装设计上重点突出联合企业的形象，这是一种非常有效的策略，在欧美、日本等发达国家是一种较为普遍的做法。(图 7-69 至 图 7-72)

8. 绿色包装策略

随着消费者环保意识的增强，绿色环保成为社会发展的主题，伴随着绿色产业、绿色消费而出现的绿色概念营销方式成为企业营销的主流。因此在包装设计时，选择可重复利用或可再生、易回收处理、对环境无污染的包装材料，容易赢得消费者的好感与认同，也有利于环境保护和与国际包装技术标准接轨，从而为企业的发展带来良好的前景。

9. 文化包装策略

在市场走向国际化的今天，博大精深、丰富多彩的民族文化总是有着无穷的艺术魅力，在设计中采用富有地域性的传统文化元素，不但可以满足现代消费者不断增长的精神需要，而且还能够宣传商品产地的独特文化，扩大其商品的影响。

图 7-69

图 7-70

图 7-71

图 7-72

第八章　包装设计的创意与表现

第一节　包装设计的定位

包装设计的定位是根据商品的特点、营销策划目标及市场情况所制定的信息表现与形象表现的战略重点。通常设计策划部门整合出详细的营销策划后，设计实施部门对其进行理解分析、归纳、筛选，拟定出视觉表现上的切入点，加强重点，突出特色，并尽量多地从不同的视角来进行创意表现，最终选择出最佳的设计方案。（图 8-1、 图 8-2）

图 8-1

图 8-2

现代包装设计的定位通常是通过品牌、产品和消费者这三个基本因素而体现出来的，通俗地讲就是：我是谁？卖什么？卖给谁？

一、品牌定位

就是着重于产品品牌信息、品牌形象的设计定位，在包装设计上突出品牌的视觉形象。要向消费者明确地表明“我是谁”， 是传统的老品牌，还是一个充满活力的新品牌。产品一旦成为知名品牌，就会给企业带来巨大的无形资产和形象力，给消费者带来的是质量的保障和消费的信心。品牌定位主要包括：公司品牌定位、产品品牌定位、公司标识定位、品牌标识定位、品牌系列定位和单体产品品牌定位等。品牌定位大多应用于品牌知名度较高或产品特点不是很鲜明的产品包装上。在设计处理中以突出品牌标志形象、品牌字体形象、品牌的图形与品牌的色彩为重心，处理多求单纯化与标记化，也可以对标志或品牌名称的含义加以形象化的辅助处理。（图 8-3、图 8-4）

图 8-3　潘虎包装设计实验室作品

图 8-4　潘虎包装设计实验室作品

1. 突出品牌的标志形象：品牌的标志由于其简洁的形式、快捷的传达和便于记忆的特点，往往成为企业形象宣传和包装品牌传达的主要形式语言。如美能达系列产品包装上的标志形象、味全食品系列等。

2. 突出品牌的字体形象：品牌的字体形象由于其可读性和不重复性成为突出品牌个性的主要表现手法之一，像可口可乐的品牌字体、麦当劳的“M”字母形象在包装中都构成了形象表现力的最主要部分。

3. 突出品牌的图形：品牌的图形包括宣传形象、卡通造型、辅助图形等，在包装设计中以发挥品牌图形的表现力为主，使消费者在印象中产生图形与产品本身的联想，有利于产品宣传的形象性和生动性的体现。比如 3M 公司的 DIY 系列产品的辅助纹样、日本麒麟啤酒包装上的麒麟形象等。

4. 突出品牌的色彩：在设计品牌时，通常会制定出几种固定的色彩组合，成为企业产品中的“形象色”，给消费者以强烈的视觉印象。如富士胶卷的绿色、柯达胶卷的中黄、可口可乐的大红等，都具备强烈的视觉吸引力。

二、产品定位

在包装设计中着力于产品信息的定位，明确告诉消费者“卖什么”，把包装设计形式与内容有机统一起来，使消费者迅速地通过包装设计对产品的类别、特点、用途、功效、档次等有直观的了解。一般用于富有某些特色的产品包装设计。在处理上往往采用摄影图片、开窗结构和透明材料加以表现。（图 8-5 至图 8-9）

图 8-5

图 8-6

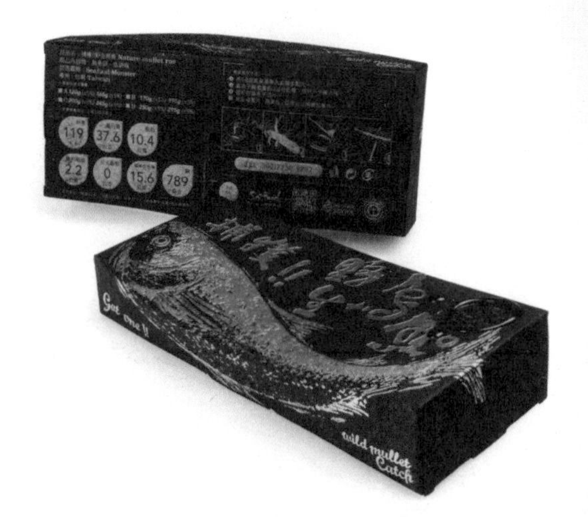

图 8-7

图 8-8

图 8-9

1. 产品特色定位：就是突出该产品与同类产品相比较的主要个性差别，这种个性差别也就是产品本身的特色，它对目标消费群体具有直接、有效的吸引力。

2. 产品功能定位：就是将产品的功效和作用展示给消费者，以吸引目标消费群。

3. 产品原料定位：以产品的生产原料为定位方向，宣传其产品的品质。但要注意该产品原料是否具有形象性和美感。

4. 产品产地定位：某些产品由于原料产地的不同而产生了品质上的差异，因而突出产地就成了一种品质的保证。

5. 传统特色定位：在包装上突出对民族传统文化特色的表现。常应用于富有浓郁地方传统特色的产品包装。在具体表现上还应注意传统特色与现代消费心理和营销相结合。

6. 特殊性定位：同一产品在不同的场合和不同的时间使用，都会有不同的要求，比如旅游食品、大型庆典等，但这种定位有时间和地域上的限制。

7. 产品档次定位：每类产品都有不同的档次，根据产品营销策略，在包装设计上应准确地体现出产品的档次，做到表里如一，有针对性地吸引目标消费者。

三、消费者定位

这是在包装设计中着力于突出消费对象的定位表现，就是在充分了解目标消费群的喜好和消费特点的基础上，弄清楚产品是“卖给谁”的，这样设计才能体现出针对性和销售力，对于消费者来说也容易产生亲近感。主要应用于具有特定消费者的产品包装设计上，处理上往往采用相应的消费者形象或有关形象为主体，加以典型性的表现。（图 8-10 至图 8-15）

图 8-10

图 8-11

图 8-12

图 8-13

图 8-14

图 8-15

1. 特定消费者定位：任何一种商品都有特定的消费者群，不同的消费者群有着不同的特点，他们的年龄、性别、收入、爱好等往往是设计的依据和参照点。

2. 地域区别定位：根据消费地域的差别，如城市与乡镇、内地与少数民族地区、不同的国家和种族等，结合他们的风俗习惯、民族特点和喜好，进行针对性设计。

3. 心理特点定位：具有不同文化背景的消费者具有不同的生活方式，这直接导致了消费心理与观念的不同。比如审美标准的差别，对待时尚文化的态度和特殊的爱好等，在包装设计中都应予以足够的重视和体现。

4. 生理特点定位：不同的消费者具有不同的生理特点，因此，对于产品就有着不同的要求，尤其是对于消费者生理具有特殊功用和使用对象十分明确的产品，更应注意区分差别，表现出产品特征。

根据产品和市场的具体情况，还可以有其他的定位策略。另外，不同的设计定位往往在一件包装设计中会得到综合的体现，比如品牌定位与产品定位、品牌定位与消费者定位等的整合，这类定位在处理上，应该注意它们之间的主次关系，注意突出一定的重心，有主有辅、相互补充，这样给消费者产生的印象才会鲜明深刻。反之，特点表现多了，信息与形象就会相互削弱，消费者会感到茫然无措，反而感受不到产品的特点。

第二节　包装设计的构思与表现

构思是设计的灵魂。构思的方法是在现代设计定位理论的引导下从某一层面、某一角度出发进行重点突破，从而产生具体的设计处理形式。构思的核心在于考虑表现什么和如何表现两个问题。回答这两个问题即要解决以下四点：表现重点、表现角度、表现手法和表现形式。一般认为，重点是设计目标，角度是设计的突破口，手法是设计的战术，形式则是设计的武器。（图 8-16 至图 8-18）

图 8-16

图 8-17　潘虎包装设计实验室作品

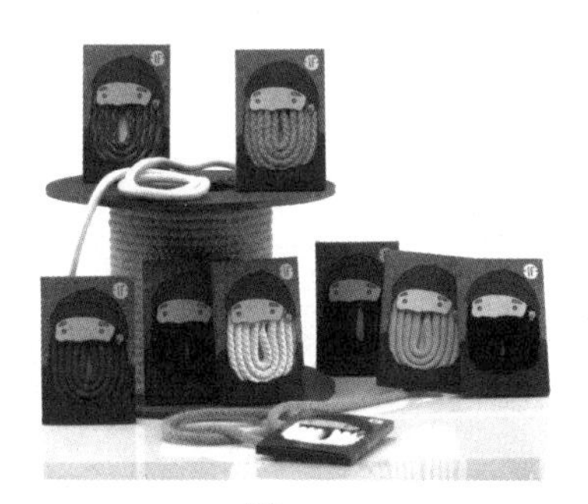

图 8-18

一、表现重点

包装设计是在有限画面内进行设计表现，这是空间上的局限性。同时，包装在销售中又是在短暂的时间内为购买者认识，这是时间上的局限性。这种时空限制要求包装设计不能盲目求全，面面俱到，必须在设计构思中抓住表现的重点。包装设计的表现重点是指表现内容的集中点与视觉语言的突出点。表现重点的确定是建立在对商品、消费者和竞争对象充分了解基础上，还涉及生产者企业知名度、商标知名度、是老产品包装改进还是新设计开发、是否有整体营销方针、有何专用识别符号、委托方有何特定设计要求、品牌形象如何定位等内容。另外，设计者还要有丰富的有关商品、市场的政策以及生活和文化知识的积累，积累越多，构思的天地越广，路子也越多，重点的选择亦越有基础。

通过以上对商品、消费者、销售市场和社会有关资料的分析、比较和选择，寻求出问题点和机会点，形成设计构思的媒介条件进而确定表现的重点。（图 8-19）

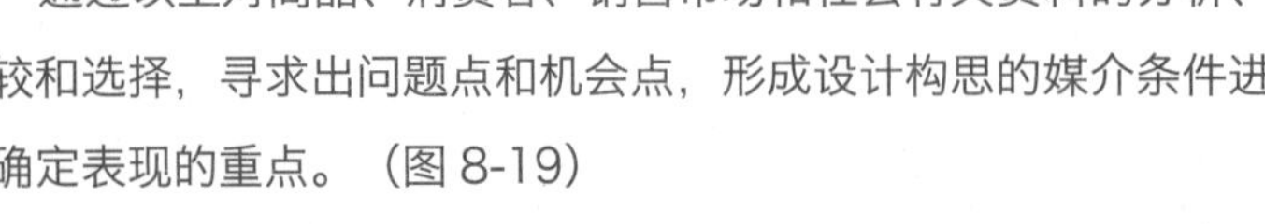

图 8-19

重点的选择主要包括商标牌号、商品本身和消费对象三个方面。一些具有著名商标或品牌的产品就可以用商标牌号为表现重点；一些具有较突出的某种特色的产品或新产品的包装则可以用产品本身作为重点；一些对使用者针对性强的商品包装可以以消费者为表现重点。比如 m&m 巧克力的卖点是“只溶于口，不溶于手”，这个构思的重点就放在了产品特性上。还有许多产品把原产地风情作为构思的表现重点，通过包装的形象传达给消费者，像来自哥伦比亚的咖啡、来自法国的葡萄酒等。总之不论如何表现，都要以传达明确的内容和信息为重点。

以下是确定重点的有关方向，仅供参考。

该商品的商标形象，品牌含义；该商品的功能效用，质地属性；该商品的产地背景，地方因素；该商品销售地区的背景，消费对象；该商品与同类产品的区别与特点；该商品同类包装设计的状况分析；该商品的其他有关特征等。

二、表现角度

表现角度是确定构思的基本倾向后的深化，即找到主攻目标后的具体突破口，也是更为深入地构思明朗化的关键步骤。虽然同一事物都有不同的属性和认识角度，但是多角度的表达只会造成信息传达的含糊不清。因此，在设计表现上相对集中于一个角度，更有利于设计主题的鲜明性，使视觉获得更加明确的接受效果。(图 8-20 至图 8-24)

图 8-20

图 8-21

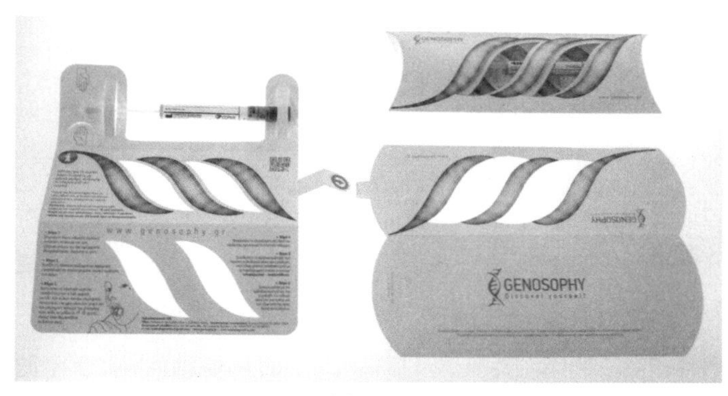

图 8-22

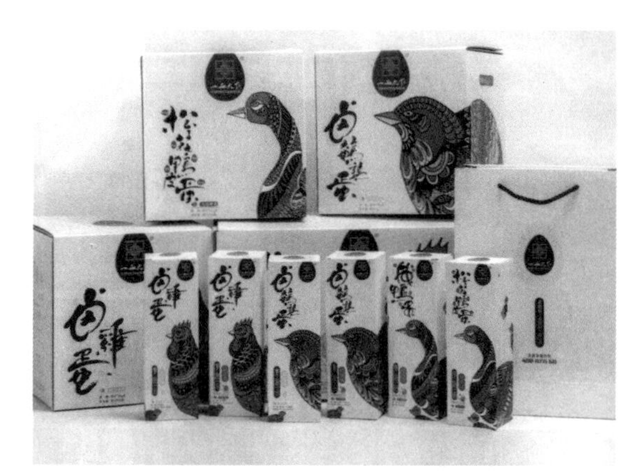

图 8-23

图 8-24

假如我们以商标、牌号为表现重点，可以分别选择标志形象与牌号所具有的某种含义作为突破角度；如果是以商品自身作为表现重点，我们既可以从产品的外在形象，也可以从产品的某种内在属性（原料构成、功能效应等）考虑方案。如咖啡豆或速溶咖啡的包装图形设计中，运用加工好的咖啡饮品芳香四溢的形象，通过富于意趣的视觉语言，一目了然地传达了商品的信息。还有像邦迪创可贴产品的包装上，通过展现贴着创可贴但伸展自如的手指的形象，强调商品的使用特点，强化商品的形象。如果是以消费者作为表现重点，就要以人为中心，通过画面和信息强调消费者的适合人群及消费需求。

正确把握包装设计的表现角度可以充分表现出商品的商业功能，起到引导消费行为的作用。以下几点是造成消费者对商品印象的基本要素，也可以作为构思突破口的参考。

（1）外观的诉求：商品的外形、尺寸、设计风格。

（2）经济性诉求：价格、形状、容量等。

（3）安全性诉求：使用说明标注、成分、色彩、信誉。

（4）品质感诉求：醒目、积极感、时尚性。

（5）特殊性诉求：个性化、流行性。

（6）所属性诉求：性别、职业、年龄、收入等。

以上诉求点的目的就是吸引消费者。总之，一件具有吸引力的包装在视觉表现中应该有这样一些特征：品牌形象和企业形象突出，有吸引人的形态和色彩、由包装上就能充分了解商品内容及使用方法等信息，并具有时代性和文化特征。

三、表现手法

表现的重点与角度主要是构思选择“表现什么”，而表现的手法与形式是解决构思“如何表现”的问题。好的表现手法和表现形式是设计是否动人的关键所在。

对于包装来讲，表现手法的准确鲜明尤为重要。准确即围绕表现目标选择适当的具体处理样式，使手法本身具有特定的信息感；鲜明即对所采取的手法与形式在具体处理时注意视觉符号的典型化，各个构成成分及其相互关系都要注意典型效果的表现。

不论如何表现，都是要表现内容、表现内容的某种含义与特点。从广义上看，任何事物都具有自身的特殊性，都必然与其他某些事物有一定的联系。这样，要表现一种事物，表现一个对象，就有两种基本手法：一是直接表现该商品的特殊性——特质、特征、特点；二是间接地借助于该对象的一定特征，或间接地借助于和该商品有关的其他事物与因素来表现事物。前者称为直接表现，后者称为间接表现。

1. 直接表现

直接表现是指表现重点是包装的内容物本身。它是对消费者进行直接传达商品特色的一种形式，包括表现其外观形态、用途、用法等。经常运用摄影图片或开窗方法来表现形象与品质。这种包装给人以直观、可信性强的印象，很容易赢得消费者信赖。直接表现主要有以下一些表现手法。（图 8-25 至图 8-29）

图 8-25　　图 8-26　　图 8-27

图 8-28

图 8-29

衬托：通过形象的差异来衬托主体，使主体得到更突出的表现。衬托的形象可以是具象的，也可以是抽象的，处理中注意不要喧宾夺主。

对比：这是衬托的一种转化形式，可以叫做反衬，即是从反面衬托使主体在反衬对比中得到更突出的表现。对比部分可以采用具象，也可以采用抽象。可以是写实的，也可以是装饰变化的。

归纳：归纳是以简化求鲜明，是对产品主体形象加以简化处理，通过对形与色的概括提炼，使产品的特征更加清晰，使主体形象趋向简洁单纯。

夸张：夸张是以变化求突出，在取舍的基础上对产品形象的特点有所强调，使商品特点通过改变的形象得到鲜明、生动的表达。包装画面的夸张一般要注意可爱、生动、有趣的特点，而不宜采用丑化的形式。

特写：这是通过形象的大取大舍，以局部表现整体的处理手法，以使主体的特点得到更为集中的突出表现。设计中要注意所取局部的典型性。

2. 间接表现

间接表现是比较含蓄的表现手法。就产品来说，有些东西如化妆品、酒、洗衣粉等很难采取直接表现达到理想的效果，因此，这就需要用间接表现法来处理。间接表现手法虽然画面上不出现商品本身形象，但借助于其他有关事物与因素同该对象的内在联系来表现，往往具有更加广阔的表现空间，在构思上往往采用表现内容物的某种属性或意念等。（图 8-30 至图 8-33）

图 8-30

图 8-31

图 8-32

图 8-33

间接表现的手法主要是比喻、联想、象征和装饰。

比喻：是借具有类似点的它物比此物，是由此及彼的手法，使视觉表现更加鲜明生动。比喻的手法是建立在大多数人具有共识性的具体事物、具体形象意义基础上的，如以花喻芳香美丽、以鸳鸯喻爱情等。此手法多用于不容易直接表达的产品包装设计中。

联想：借助于视觉形象要素的激发和诱导消费者的认识方向，使消费者产生相关的联想来补充画面上所没有直接交代的东西。这也是一种由此及彼的表现方法，它可以使消费者从包装的具象和抽象的图形中产生的一系列的心理活动，得到商品的意义以及美妙的文化和审美享受。比如从鲜花联想到幸福，由书法联想到中国文化，从落叶联想到秋天等。

象征：象征重在表现形象的意念化上，较比喻和联想更为理性与含蓄，在表现的含义上更为凝练和抽象，在表现的形式上更为凝练。象征表现主要体现为大多数人共同认识的基础上，用以表达牌号的某种含义和某种商品的抽象属性，比如鸽子象征和平等。作为象征的媒介在含义的表达上应当具有一定的特定性与永久性。另外，在象征表现中，色彩的象征性的运用也很重要。

装饰：有些商品的特性很难采用比喻、联想、象征等加以表现时，可施以装饰的手法进行处理，以提升商品的视觉传达力和艺术性。在运用装饰手法时，应该注意视觉符号的意象性与风格的倾向性，从而引导消费者的视觉感受。

表现的形式与手法都是解决如何表现的问题，是设计的视觉传达样式和设计表达的具体语言形式。表现手法是内在的，形式是外在的，是手法的落实与结果，它包括了造型、图形、色彩、文字、构成等形式。(图 8-34 至图 8-39)

图 8-34　潘虎包装设计实验室作品

图 8-35

图 8-36　潘虎包装设计实验室作品

图 8-37

图 8-38

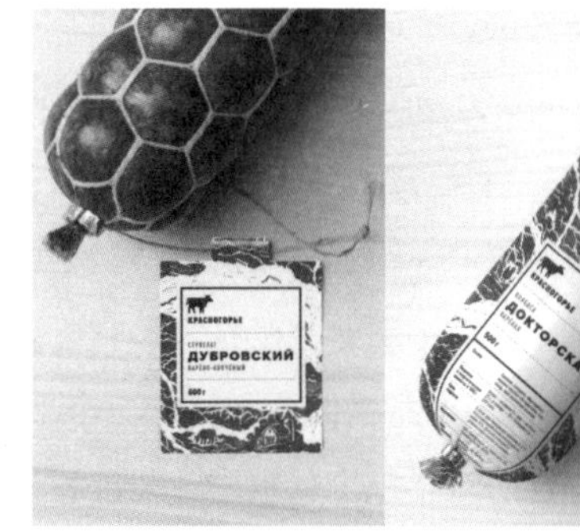

图 8-39

表现形式应考虑以下一些因素：

牌号与品名采用字体的设计和字体的大小。

主体图形与非主体图形的设计：用照片还是绘画，具象还是抽象，是整体还是局部特写，面积大小如何等。

色彩总的基调：各部分色块的色相、明度、纯度的把握，不同色块相互关系，不同色彩的面积变化等。

商标、主体文字与主体图形的位置编排处理：形、色、字各部分相互构成关系，以什么风格来进行编排构成。

是否要加以辅助性的装饰处理，在使用金、银和材料、肌理、质地变化方面的考虑等。这些都是要在形式考虑的全过程中加以具体推敲。

总之，一件具有吸引力的包装设计形式本身应具有其基本的整体风格，绝不可各行其是，互不关联，力求使设计表现的性格鲜明地显现出来。表现手法与表现形式的确立也不能简单化处理，也并不是一个设计中只能采用一种手法或一种形式，可以在一件包装中将两种表现手法或表现形式有机地结合使用，以求得设计创意的完美表现。

第三节　包装设计的思维

明代园林工艺家计成在所著《园冶 · 兴造论》一书中，提出“三分匠七分主人”。匠是技巧，人即是思维。也就是说在设计创造中，思维是七分，而技巧只占三分。可见思维在创造中的重要地位。（图 8-40）

图 8-40

现在，许多人把设计思维等同于创造性思维，这种认识应该讲是不准确的。在设计思维中的确不可缺少创造性思维的成分，但是创造性思维并不能包含设计思维的全部内容。创造性思维是一种思维的方式，其本身并不具有明确的目的性，而设计思维是反映事物本质属性和内在、外在有机联系，具有目的性、创造性广义模式的一种可以物化的心理活动。

一、理性与感性思维的融合

包装设计的思维既是理性的过程，又是感性的过程。一方面，包装设计思维离不开设计师对于产品因素、消费因素、行销因素等方面层层深入、寻求问题点的理性思维。理性思维为整个包装设计思维铺垫了思维的背景和基础，为设计思维准备了充分的条件和手段，为设计思维提供了出发点和指明了方向。同时，包装设计思维成果也需要理性思维对其进行检验与完善。另一方面，感性思维在包装设计思维中也起到了很大的作用。一般说来，设计思维过程总是相伴着强烈的感性体验，灵活的想象。富有创造性的设计思维成果往往是凭借其直觉、灵感甚至是情感和无意识的梦境等这些感性因素的作用脱颖而出的。如果说理性是设计思维的坚实基础，那么感性则能弥补理性思维的不足，成为设计思维腾飞的翅膀。进行一项包装设计，丰富而灵敏的感性思维与缜密精致的理性思维必须兼而有之、相互融合，无论是讲究方法论的视觉表现，还是不可见的脑海里的创意思考，它们都存在于整个包装设计过程的始末。（图 8-41、图 8-42）

图 8-41

图 8-42

1. 理性思维：理性思维重在逻辑推理，特别是在设计之初，理性思维循着垂直的思考方向，得出明确的结论，以推导出整个项目构想，运用于设计创造。它充分运用信息资料，经过判断、推理，以表述对现实的认识；根据功能要求、材料性能、制作特点、消费者价值观念等进行分析、整理、拟定、评估、决策等过程。

2. 感性思维 ：感性思维特别重视直觉与灵感、想象与潜意识在创造活动中的作用，尤其是视知觉在思维活动中的特殊作用。包装设计中的感性思维，乃是抛去一切理性约束，摒除理性的干扰与阻碍，往往包含了更多的创意，从而使设计的创造性充分自由地发挥，弥补理性思维的不足。

3. 知性的判断：透过以上两种程序之后，必须依据项目要求进行综合性的判断，导入知识性的判断以评估方案构想是否合乎设计之宗旨与方向。

设计思维的理性思维和感性思维相互补充，纵横交叉影响，产生更多的思路和构想，使构思趋于成熟，是创造性设计思维不可分割的整体。

二、多元灵活的思维方式

由于包装设计的制约因素很多，要出新意，就要突破程式化、概念化、一般化和单一的习惯性思维模式，采用扩散思维、逆向思维、组合思维、直觉思维、联想思维等多种思维方式，从不同的角度和方位，通过不同的途径，扩大艺术的视野，最大限度地发挥设计师的创造力。因此在设计的思维过程中，不能死钻牛角尖，如果一条路走不通，就换一条路试试。在实际生活中，十全十美的设计是没有的，任何一个方案都可能有这样或那样的缺点。所以，包装设计师要善于解决主要矛盾，在不影响包装主要功能的实现和艺术效果基本完美的情况下抓住问题的重点。在很多情况下单一的思维很难应付纷繁的设计问题，只有多元的思维方式才能产生可供选择的方案。许多时候换个角度想问题，往往会取得意想不到的收获。

具备形象敏锐的观察和感受能力，是进行设计思维必须具备的基本素质。这种素质的培养，有赖于图形思维能力的建立。不少初学者喜欢用口头的方式表达自己的设计意图，这样是很难被人理解的。在包装设计的领域，图形是专业沟通的最佳语汇。因此，掌握形象思维技巧就显得格外重要。

三、创造性的设计思维本质

设计思维的创造性，是指在设计观念生成的过程中，设计师充分发挥心智条件，打破惯有思维模式，赋予包装对象全新意义，从而产生新的设计方案的思维品格。（图 8-43 至图 8-47）

创造性是设计思维最具代表性的基本特征。在包装设计中，只要思路畅通，想象力丰富就可以通过发散性思维产生丰富的创意；只要思路与众不同，能突破惯性思维就可能激发独特的想法；只要能迅速转移思路，由此及彼，触类旁通，灵活连接，就可能迸发出新颖的灵感火花；只要善于抓住事物的本质，使问题简洁化、条理化，就能够使我们具备良好的洞察能力。

形成创造性的设计过程是一个很复杂的问题，往往创造性灵感来自不经意的偶然突发，只有抛开功利、欲望、经济目的的制约和束缚才会产生创造性。然而包装设计师不可能抛开经济功能的制约、厂商和销售对象的制约、设计定位的制约，而是要在满足包装功能和符合设计规限的前提下发挥自己的个性特质和创造能力。

人们对于客观事物的思维的升华过程是一个从无理—有理—无理的过程，初始的无理是人们未能科学地感知客观事物的本质，因而是幼稚无知的。思维的有理阶段是经过对客观事物的分析理解找到合乎事物的自然法则和变化规律并形成记忆和经验的过程。当人们深刻地认识并熟练地把握事物的这些所谓法则和规律后，思维就进入了高层次的无理阶段，进入一个不受束缚的广阔的创想空间，人的创造才能不自觉地涌现出来。

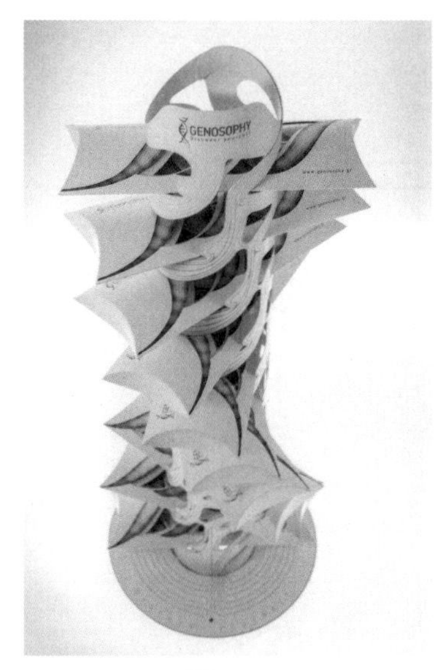

图 8-43

图 8-44

图 8-45

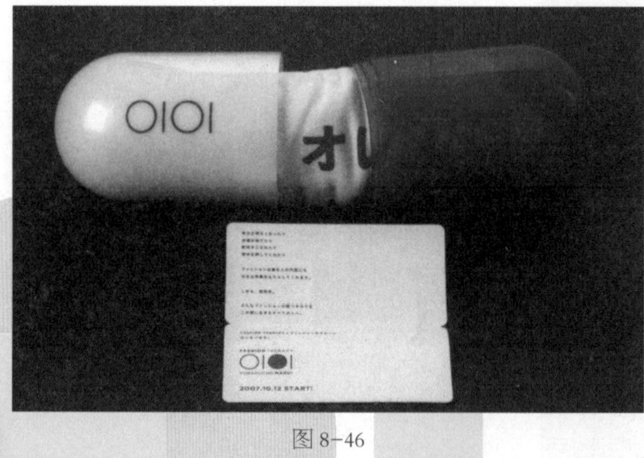

图 8-46

图 8-47

第九章　包装设计的印刷与工艺

包装设计的最终效果，通过印刷在包装材料上的文字、图形、色彩来反映。作为包装设计人员，应了解设计与印刷之间的关系，各种印刷的特点，印刷与各种工艺的表现力，印刷制作的流程以及印刷成本核算等基本知识，这样才能有效地结合制作，将设计意图准确地反映出来，甚至使设计效果添光增彩。否则设计同印刷和工艺相脱节，会给印刷制作带来很大难度，或使生产成本过高而直接影响到包装成品的效果，并造成不必要的损失。(图 9-1、 图 9-2)

图 9-1　潘虎包装设计实验室作品

图 9-2　潘虎包装设计实验室作品

第一节　印刷的种类

根据工艺原理的不同, 印刷的种类大体可分为凸版印刷、平版印刷、凹版印刷、胶版印刷和孔版印刷五类。

一、凸版印刷

凸版印刷是最早发明并且目前普遍使用的一种印刷技术，其特点是将版面凸出部分的图像和文字上色后直接印在纸上。凸版印刷又有活版印刷和柔性版凸版印刷之分。

活版主要是以铅字进行排版，插图、美术字、照片等则通过照相制版，然后制成锌版、铜版或树脂版。活版排完后复制成纸板制成的整体性印版，然后再浇制成铅版，用轮转机进行印刷。凸版印刷的特点是油墨浓厚、色彩鲜艳，字体及线条清晰。但是受铅字与锌版的限制，印刷质量不易控制，而且速度较慢。活版印刷一般用于宣传品、图表、小型包装盒、信封信笺以及烫金、压凸等加工工艺。

柔性版凸版印刷又称橡胶版印刷，与活版印刷相似，但不同的是印版是由软胶制成，像橡皮图章一样。它采用轮转印刷方法，把具有弹性的凸版固定在辊筒上，由网纹金属辊施墨。柔性版可以在较宽的幅面上进行印刷，不需要太大的印刷压力，压力大时则容易变形。其印刷效果兼有活版印刷的清晰，平版印刷的柔和色调，凹版印刷的墨色厚实和光泽。但由于印版受压力过大容易变形的原因，设计时应尽量避免过小、过细的文字以及精确地套印。

柔性版印刷对于承印物有着广泛的适用性，适合塑料、软包装、复合材料、板纸、瓦楞纸等多种印刷材料，而且制版印刷成本较低，质量较好，现在已逐渐得到重视与广泛应用。

二、平版印刷

平版印刷是由早期石版印刷发展而来的，此后又改进为用金属锌或铝作版材，其特点是印纹部分与非印纹部分同处在一个平面上，利用油水相斥的原理，使印纹部分保持油质，非印纹部分则水辊经过时吸收了水分。当油墨辊滚过版面后，有油质的印纹沾上了油墨，而吸收了水分的部分则不沾油墨，从而将印纹转印到纸上。

早期的平版印刷是由石版印刷发展而来的，称为平版平压式印刷。此后又改进为用金属锌或铝作版材，由于印刷时版材承受较大压力，使油墨扩张导致印纹变形、粗糙，后来经过改良，加上了一个胶皮筒以缓冲压力。其过程是先将锌版制成正纹，印刷时转印到胶筒上成为反纹，然后再将反纹转印到纸上成为正纹，因此这种印刷方式也被称为“胶印”。

平版印刷套色准确、制版简便、成本低廉、色调柔和、层次丰富、吸墨均匀、适合大批量印制。它的适用范围广泛，常用于海报、画册、样本、书籍、包装等的印刷。

三、凹版印刷

凹版印刷的原理与凸版印刷正好相反，印纹部分凹于版面，非印纹部分则是平滑的。凹下去的部分用来装填油墨，印刷前将印版表面的油墨刮擦干净，放上纸张并施以压力后，凹陷部分的印纹就被转印到纸上。

它分为雕刻凹版、照相印版两种，前者多用于表现图案、文字和线条细腻的包装。凹版印刷具有油墨厚实、色调丰富、版面耐印度强、颜色再现力强等优点。应用范围广泛，适合各种印刷材料和大批量印刷，但制版费用高，制版工艺较为复杂，不适合于小批量印刷。凹版印刷不易假冒，较常用于证券、钞票、股票、邮票、商业性信誉的凭证等的印刷。后者照相印版（又称影印版），利用感光和腐蚀的方法制版，适合于表现明暗和色调的变化，常用于画面精美的包装印刷。

四、胶版印刷

胶版印刷是采用电子扫描分色照相制版，不需要画黑白稿。它是将电子分色制成的分色胶片版和 PS 版上的药膜感光制成印版，再把 PS 版装上印刷机，上墨后再翻印到胶皮版上，再转印到纸上的胶印工艺。它不用人工调墨，完全靠计算机控制，具有字迹均匀柔和、印刷速度快、不受色干间隔的影响的优点。随着科技的发展，可四套色、六套色、七套色、八套色一次印刷，可如实地把一幅图形生动地印制出来，是如今适用很广的一种印刷工艺。

五、孔版印刷

又称丝网印刷，是由油墨透过网孔进行的印刷。丝网使用的材料有绢布、金属及合成材料的丝网及蜡纸等。其原理是将印纹部位镂空成细孔，非印纹部分不透。印刷时把墨装置在版面之上，而承印物则在版面之下，印版紧贴承印物，用刮板刮压使油墨通过网孔渗透到承印物的表面上。

丝网印刷操作简便、油墨浓厚、色泽鲜艳，而且不但能在平面上印刷，也能在弧面上或立体承印物上进行印刷，印制的范围和对承印物的适用性很广。缺点则是印刷速度慢，以手工操作为主，不适于批量印刷。常用于纺织品、招贴、商标等的印刷。

第二节　印刷的要素

在整个印刷过程中，主要有四个基本的决定性要素，即印刷机械、印版、油墨和承印物。

一、印刷机械

印刷机械是各种印刷品生产的核心，其主要作用是将油墨均匀地涂布到印版的印纹部分，通过压力使印版上的油墨转印到承印物的表面而制成印刷品。根据印版结构的不同，印刷机械可以分为凸版印刷机、平版印刷机、凹版印刷机、丝网印刷机和特种印刷机五种类型。这些印刷机基本上都是由给纸、送墨、压印、收纸等部分组成。此外按照承印物的尺寸，印刷机械还可分为全开印刷机、对开印刷机、四开印刷机等。按一次印色的能力又可分为单色印刷机、双色印刷机，四色、五色、六色、九色印刷机等。按送纸的形态也可分为平版纸印刷机和卷筒纸印刷机。按压印方式还可分为平压平式、圆压平式、圆压圆式（轮转式）三种。

二、印版

印版是使用油墨来进行大量复制印刷的媒介物。现代印刷中的印版大多使用金属板、塑料板或橡胶版，以感光、腐蚀等方法制成。根据印刷画面的效果可以分为线条版和网纹版，线条版用于印刷单线平涂的画面，网纹版主要用于图片及渐变色等连续调画面的印刷。在印刷过程中，单色画面制一块色版，多色画面则需制多块色版，并分多次印刷才能完成。

在彩色印刷时，需要采用照相分色或电子分色技术来进行分色制版。照相分色是按照色彩学中三原色原理，将拍摄的彩色原稿经过滤色镜分摄成蓝、洋红、黄三种印版的分色底片，由这三种颜色重叠就会产生视觉上柔和而色彩自然的图像。为了加强暗部的深度层次，还需加一张黑色的分色片，这样就构成了彩色印刷的四原色。这种技术被称为照相分色，使用分色版进行的彩色印刷也被称做“四色印刷”。电子分色是在分色原理基础上，运用电子扫描技术设计成的先进的分色方法。将照片、原稿或反转片紧贴在电子分色机的滚筒上，当机器转动时，将分色机的曝光点直接在原稿上逐点扫描，所得到的图像信息被输入电脑，经过精密计算后，再扫描到感光软片上，形成网点分色片。电子分色比传统分色法快捷准确，而且在电脑上可以作多方面的调整和修改，是目前最高水准的分色方式。

三、油墨

油墨是经过特殊加工制成的胶状体印刷颜料，种类较多，按照印刷方式不同可分为凸版油墨、平版油墨、凹版油墨、丝网版油墨、特种油墨五大类；按照承印物的不同又可分为供纸张、玻璃、塑料、金属等不同材料用的油墨。

对于包装印刷油墨一般有以下要求：①油墨细腻，墨色纯正；②在空气和光照下不易变色及褪色；③与同类油墨相互调和不会变质；④对于食品、服饰、儿童用品、化妆品等包装印刷油墨，不能含铅等其他有毒物质；⑤ 对于化妆品、服饰、儿童用品、卫生用品，油墨不能含有异味，必要时可以加入香料。随着科技的进步，新型的油墨不断被研制和开发出来。

四、承印物

承印物是包装印刷材料，现代包装材料种类非常多，大多包装都需要进行印刷加工。包装使用的材料中，纸是主要的承印物，此外还有金属、塑料、玻璃、陶瓷、纺织品等，它们对于印刷方式和油墨等都有具体要求，印刷效果也不尽相同。对于不同的承印物的特点，设计人员应该有一定的基本知识，并与印刷环节相配合，才能充分发挥承印物的优点，生产出设计制作精美的包装。

第三节　印刷工艺

一、印刷工艺流程

1. 设计稿

设计稿是对印刷元素的综合设计，包括图片、插图、文字、图表等。目前在包装设计中普遍采用电脑辅助设计，以往要求精确的黑白原稿绘制过程被省去，取而代之的是直观地运用电脑对设计元素进行编辑设计。

2. 照相与分色

对于包装设计中的图像来源，如插图、摄影照片等，要经过照相或扫描分色，经过电脑调整才能够进行印刷。目前，电子分色技术产生的效果精美准确，已被广泛地应用。

3. 制版

制版方式有凸版、平版、凹版、丝网版等，但基本上都是采用晒版和腐蚀的原理进行制版。现代平版印刷是通过分色成软片，然后晒到 PS 版上进行拼版印刷的。

4. 拼版

将各种不同制版来源的软片，分别按要求的大小拼到印刷版上，然后再晒成印版 (PS 版) 进行印刷。

5. 打样

晒版后的印版在打样机上进行少量试印，以此作为与设计原稿进行比对、校对及对印刷工艺进行调整的依据和参照。

6. 印刷

根据合乎要求的开度，使用相应印刷设备进行大批量生产。

7. 加工成型

对印刷成品进行压凸、烫金 (银)、上光过塑、打孔、模切、除废、折叠、黏合、成型等后期工艺加工。

二、印刷加工工艺

包装的印刷加工工艺是在印刷完成后，为了美观和提升包装的特色，在印刷品上进行的后期效果加工。主要有烫印、上光上蜡、浮出、压印、扣刀等工艺。

1. 烫印

烫印的材料是具有金属光泽的电化铝箔，颜色有金、银以及其他种类。在包装上主要用于对品牌等主体形象进行突出表现的处理。其制作方法是先将需要烫印的部分制成凸版，再在凸版与印刷物之间放置电化铝箔，经过一定温度和压力使其烫印到印刷品上。这种方法不仅适用于纸张，还可用于皮革、纺织品、木材等其他材料。电化铝在使用上应注意适度，过分使用会使包装效果杂乱，缺乏主题，甚至于媚俗。

2. 上光与上蜡

上光是使印刷品表面形成一层光膜，以增强色泽，并对包装起到保护作用。它是将光亮油和光浆按配方比例调配在一起，利用印刷机印光或是使用上光机上光。上蜡则是在包装纸上涂热熔蜡，除了使色泽鲜艳外，还能起到很好的防潮、防油、防锈、防变质等功效。

3. 浮出

这是一种在印刷后，将树脂粉末溶解在未干的油墨里，经过加热而使印纹隆起、凸出产生立体感的特殊工艺，这种工艺适用于高档礼品的包装设计，有高档华丽的感觉。

4. 压印

又称凹凸压印，先根据图形形状以金属版或石膏制成两块相配套的凸版和凹版，将纸张置于凹版与凸版之间，稍微加热并施以压力，纸张则产生了凹凸现象。这种工艺多用于包装中的品牌、商标、图案等主体部位，以造成立体感而使包装富于变化，提高档次。

5. 扣刀

又称压印成型或压切。当包装印刷需要切成特殊的形状时，可通过扣刀成型。其方法是先按要求制作木模，并用薄钢刀片顺木模边缘围绕加固，然后将包装印刷品切割成型。这种工艺主要用于包装的成型切割，以及各种形状的天窗、提手、POP 造型等特殊形态的处理。

参考文献

1. 柳冠中 . 工业设计学概论 [M]. 哈尔滨：黑龙江科学技术出版社 ,1997.
2. 凌继尧 , 徐恒醇 . 艺术设计学 [M]. 上海：上海人民出版社 ,2000.
3. 陈望衡 . 艺术设计美学 [M]. 武汉：武汉大学出版社 ,2000.
4. 高中羽 . 包装装潢设计 [M]. 哈尔滨：黑龙江美术出版社 ,2001.
5. 曹方 . 包装设计 [M]. 南京：江苏美术出版社 ,1999 .
6. 鲁开疆 . 视觉传达流程设计 [M]. 合肥：安徽美术出版社 ,1995.
7. 罗越 . 视觉传达设计 [M]. 哈尔滨：黑龙江科学技术出版社 ,1997.
8. 虞海良 . 新理念包装 [M]. 哈尔滨：黑龙江美术出版社 ,2000.
9. 陈根 . 包装设计从入门到精通 [M]. 北京：化学工业出版社，2018.
10. 陈青 . 包装设计教程 [M]. 上海：上海人民美术出版社，2017.
11. 王炳南 . 包装设计 [M]. 北京：文化发展出版社，2016.
12. 孙芳 . 商品包装设计手册 [M]. 北京：清华大学出版社，2016.
13. 加文・安布罗斯，保罗・哈里斯 . 创意品牌的包装设计 [M]. 北京：中国青年出版社，2012.
14. 彭冲 . 交互式包装设计 [M]. 沈阳：辽宁科学技术出版社，2018.
15. 陈根 . 决定成败的产品包装设计 [M]. 北京：化学工业出版社，2017.